21世纪全国高职高专土建系列技能型规划教材

建筑材料检测试验指导

主　编　王美芬　梅　杨
副主编　杨连水　王美英　张统华
参　编　何永冰　董　喻

北京大学出版社
PEKING UNIVERSITY PRESS

内 容 简 介

本书根据高职高专院校土建类专业的人才培养目标、教学计划、建筑材料课程的教学特点和要求，并按照有关新规范、新标准编写而成。

本书为同系列的《建筑材料与检测》一书的配套试验指导，主要包括建筑材料检测基本知识、通用水泥检测试验、砂的检测试验、石子的检测试验、钢筋的检测试验、砌墙砖检测试验、普通混凝土检测试验和砂浆检测试验 8 个项目以及 1 个附录。

本书可作为高职高专土建类相关专业建筑材料试验课的教学用书，也可作为本科院校、中专、函授及土建类工程技术人员培训的参考用书。

图书在版编目(CIP)数据

建筑材料检测试验指导/王美芬，梅杨主编. —北京：北京大学出版社，2010.10
(21 世纪全国高职高专土建系列技能型规划教材)
ISBN 978-7-301-16729-8

Ⅰ.①建⋯ Ⅱ.①王⋯②梅⋯ Ⅲ.①建筑材料—检测—实验—高等学校：技术学校—教材 Ⅳ.①TU502

中国版本图书馆 CIP 数据核字(2010)第 182069 号

书　　　名：	建筑材料检测试验指导
著作责任者：	王美芬　梅　杨　主编
策 划 编 辑：	赖　青　杨星璐
责 任 编 辑：	杨星璐
标 准 书 号：	ISBN 978-7-301-16729-8/TU・0139
出　版　者：	北京大学出版社
地　　　址：	北京市海淀区成府路 205 号　100871
网　　　址：	http://www.pup.cn　http://www.pup6.com
电　　　话：	邮购部 62752015　发行部 62750672　编辑部 62750667　出版部 62754962
电 子 邮 箱：	pup_6@126.com
印　刷　者：	北京鑫海金澳胶印有限公司
发　行　者：	北京大学出版社
经　销　者：	新华书店
	787 毫米×1092 毫米　16 开本　8.75 印张　189 千字
	2010 年 10 月第 1 版　2014 年 12 月第 7 次印刷
定　　　价：	18.00 元

未经许可，不得以任何方式复制或抄袭本书之部分或全部内容。
版权所有，侵权必究　　举报电话：010-62752024
　　　　　　　　　　　　电子邮箱：fd@pup.pku.edu.cn

21世纪全国高职高专土建系列技能型规划教材
专家编审指导委员会专业分委会

建筑工程技术专业分委会

主　任：　吴承霞　　吴明军
副主任：　郝　俊　　刘正武　　马景善　　战启芳
委　员：（按姓名拼音排序）
　　　　白丽红　　邓庆阳　　李　伟　　刘晓平　　孟胜国
　　　　牟培超　　石立安　　汪忠洋　　王渊辉　　韦盛泉
　　　　肖明和　　徐锡权　　叶　腾　　于全发　　张　敏
　　　　张　勇　　赵华玮　　郑仁贵　　钟汉华　　朱永祥

工程管理专业分委会

主　任：　危道军
副主任：　胡六星　　武　敬　　李永光
委　员：（按姓名拼音排序）
　　　　冯　钢　　赖先志　　李柏林　　李洪军
　　　　时　思　　孙　刚　　王　安　　吴孟红
　　　　徐庆新　　杨庆丰　　赵建军　　周业梅
　　　　曾庆军

建筑设计专业分委会

主　任：　丁　胜
副主任：　夏万爽　　朱吉顶
委　员：（按姓名拼音排序）
　　　　戴碧锋　　脱忠伟　　肖伦斌　　余　辉

市政工程专业分委会

主　任：　王秀花
副主任：　王云江
委　员：（按姓名拼音排序）
　　　　俞金贵　　胡红英　　来丽芳　　刘　江
　　　　刘水林　　刘　雨　　张晓战　　杨仲元

21世纪全国高职高专土建系列技能型规划教材
专家编审指导委员会专业分委会

建筑工程技术专业分委会

主　任：吴承霞　　吴明军
副主任：郝　俊　　刘正武　　马景善　　战启芳
委　员：（按姓名拼音排序）

白丽红　　邓庆阳　　李　伟　　刘晓平　　孟胜国
牟培超　　石立安　　汪忠洋　　王渊辉　　韦盛泉
肖明和　　徐锡权　　叶　腾　　于全发　　张　敏
张　勇　　赵华玮　　郑仁贵　　钟汉华　　朱永祥

工程管理专业分委会

主　任：危道军
副主任：胡六星　　武　敬　　李永光
委　员：（按姓名拼音排序）

冯　钢　　赖先字　　李柏林　　李洪军
时　思　　孙　刚　　王　安　　吴孟红
徐庆新　　杨庆丰　　赵建军　　周业梅

建筑设计专业分委会

主　任：丁　胜
副主任：夏万爽　　朱吉顶
委　员：（按姓名拼音排序）

戴碧锋　　脱忠伟　　肖伦斌　　余　辉

市政工程专业分委会

主　任：王秀花
副主任：王云江
委　员：（按姓名拼音排序）

俞金贵　　胡红英　　来丽芳　　刘　江
刘水林　　刘　雨　　张晓战

前 言

本书为 21 世纪全国高职高专土建系列技能型规划教材《建筑材料与检测》的配套试验教材，其内容取材于建筑材料检测试验过程中的工作任务。主要包括检测试验所依据的标准、材料的取样、检测试验委托、试验过程、检测记录并处理试验数据、出具检测试验报告与工程质量检测试验。

本书以培养高职学生为出发点，注重实践能力的培养，以建筑工程材料与检测岗位群构建课程体系，突出以能力培养为中心的实训课程体系。本书在编写中密切结合实验室实际情况，编制的试验操作指导内容清晰、详尽，便于学生使用本书进行试验操作，方便学生根据本书提供的考核标准检验自己对仪器操作的掌握程度，也是教师指导学生进行试验、考核学生动手能力的适用教材。

本书由淄博职业学院建筑工程系、淄博正诺工程质量检测公司王美芬和河南建筑职业技术学院梅杨担任主编；安阳职业技术学院杨连水，淄博职业学院建筑工程系、淄博正诺工程质量检测公司质量水泥试验室王美英，钢筋试验室张统华担任副主编；淄博职业学院何永冰，骨料试验室董喻参加编写。

由于时间仓促，编者水平有限以及国家标准的不定时修改，书中错误和不妥之处在所难免，敬请读者提出宝贵意见。

编　者

2010 年 8 月

目 录

项目1 建筑材料检测基本知识 ... 1
    工作任务1 检测试验工作的认识 ... 1
    工作任务2 见证抽样送样检测制度 ... 4
    工作任务3 试验数据处理(数字修约) ... 5

项目2 通用水泥检测试验 ... 9
    工程任务1 取样 ... 9
    工程任务2 确定检测依据 ... 9
    工程任务3 通用水泥细度的检验(筛析法) ... 9
    工作任务4 标准稠度用水量测定试验 ... 11
    工作任务5 水泥凝结时间检验 ... 14
    工作任务6 水泥安定性检验 ... 16
    工作任务7 水泥胶砂强度检验 ... 18
    工作任务8 填写水泥检测试验原始记录 ... 22
    工作任务9 填写水泥检测试验检测报告 ... 22

项目3 砂的检测试验 ... 23
    工作任务1 取样 ... 23
    工作任务2 确定检测依据 ... 24
    工作任务3 砂表现密度检验 ... 24
    工作任务4 砂堆积密度检验 ... 25
    工作任务5 砂含泥量检验 ... 27
    工作任务6 砂泥块含量检验 ... 28
    工作任务7 砂的筛分析试验 ... 29
    工作任务8 填写砂检测试验的原始记录 ... 31
    工作任务9 填写砂检测试验报告 ... 31

项目4 石子的检测试验 ... 32
    工作任务1 取样 ... 32
    工作任务2 确定检测依据 ... 33
    工作任务3 石子表现密度检验 ... 33
    工作任务4 石子堆积密度检验 ... 35
    工作任务5 石子含泥量检验 ... 37
    工作任务6 石子泥块含量检验 ... 39

工作任务 7　石子针片状颗粒含量 ... 40
工作任务 8　石子的筛分析试验 ... 41
工作任务 9　填写石子检测试验的原始记录 ... 43
工作任务 10　填写石子检测试验报告 ... 43

项目 5　钢筋的检测试验 ... 44

工作任务 1　取样 ... 44
工作任务 2　确定检测依据 ... 45
工作任务 3　钢筋拉伸试验 ... 45
工作任务 4　钢筋的冷弯试验 ... 48
工作任务 5　填写钢筋检测试验的原始记录表 ... 49
工作任务 6　钢筋检测试验报告 ... 49

项目 6　砌墙砖检测试验 ... 50

工作任务 1　取样 ... 50
工作任务 2　确定检测依据 ... 50
工作任务 3　外观质量检验 ... 50
工作任务 4　尺寸偏差 ... 52
工作任务 5　烧结普通砖强度试验 ... 52
工作任务 6　填写烧结普通砖检测试验的原始记录表 ... 55
工作任务 7　填写烧结普通砖检测试验报告 ... 55

项目 7　普通混凝土检测试验 ... 56

工作任务 1　取样 ... 56
工作任务 2　确定检测依据 ... 57
工作任务 3　混凝土拌合物稠度试验(坍落度法) ... 57
工作任务 4　混凝土拌合物湿表观密度测定 ... 58
工作任务 5　混凝土立方体抗压强度试验 ... 60
工作任务 6　混凝土配合比试配及调整 ... 62
工作任务 7　回弹法无破损检验混凝土抗压强度 ... 64

项目 8　砂浆检测试验 ... 67

工作任务 1　取样 ... 67
工作任务 2　确定检测依据 ... 67
工作任务 3　砂浆拌合物性能检测试验 ... 67
工作任务 4　砂浆立方体抗压强度试验 ... 69
工作任务 5　填写原始记录 ... 71
工作任务 6　填写检测试验报告 ... 71

附录　建筑材料检测试验报告书 ... 73

参考文献 ... 127

项目 1

建筑材料检测基本知识

工作任务 1 检测试验工作的认识

检测是对实体一种或多种性能进行检查、度量、测量和试验的活动。检测的目的是希望了解检测对象某一性能或某些性能的状况。建筑材料检测试验是对工程所用的材料进行检查、度量、测量或试验,并将结果与规定要求进行比较,以确定质量是否合格所进行的活动。建筑材料是一切工程的物质基础,建筑材料检测是工程质量监督、质量检查和质量评定、验收的重要手段,检测结果是进行工程质量纠纷评判、质量事故处理、改进工程质量和工程验收的重要手段和重要依据,可见,建筑材料检测对控制工程质量具有重要的作用。

1.1 检测的作用

1. 检测是施工过程质量保证的重要手段

工程质量是在施工过程中形成的,只有通过施工单位的自检、监理单位的抽检,及时发现影响质量的因素,采取措施把质量事故消灭在萌芽状态,并使每一道工序质量都处于受控状态,把好每道工序的施工质量关,才能保证工程的整体质量。这种检测贯穿于施工的始末,是施工过程质量保证的重要手段。

2. 检测是工程质量监督和监理的重要手段

我国工程建设项目实行项目法人(建设单位)负责、监理单位控制、施工单位保证和政府监督相结合的质量管理体制。除了施工单位通过自检来保证工程质量外,监理单位通过抽检来控制工程质量,政府质量监督单位、建设单位和监理单位必要时可以委托具有相应资质的工程质量检测单位进行质量检测，提供科学、公正、权威的工程质量检测报告，作为工程质量评定和工程验收的依据。

3. 检测结果是工程质量评定、工程验收和工程质量纠纷的依据

工程质量评定、工程质量验收都离不开检测数据。质量的认定必须以检测数据或检测结果为依据，质量合格才能通过工程验收。另外，《中华人民共和国计量法》规定，经计量认证合格的检测机构，在其认定的检测项目参数范围内进行检测取得的数据和检测结果，具有法律效力，在质量纠纷中作为评判的依据。

4. 检测结果是质量改进的依据

对检测数据进行处理和分析，不仅可以科学地反映工程的质量水平，而且可以了解影响质量的因素，寻找存在的问题，有针对性地采取措施改进质量。

5. 检测结果是进行质量事故处理的重要依据

发生重大质量、安全事故，需要通过质量检测查找事故原因，分析事故的影响面和严重程度，追究责任，确定整改或报废范围。

1.2 检测的依据

(1) 法律、法规、规章的规定。

(2) 国家标准、行业标准。

(3) 工程承包合同认定的其他标准和文件。

(4) 批准的设计文件，金属结构、机电设备等技术说明书。

(5) 其他特定要求。

1.3 检测单位的管理

为了规范检测单位和个人的行为，维护检测单位和检测从业人员的声誉和合法权益，检测单位应建立统一、全面的管理制度。

(1) 检测单位应取得相应的资质，在其资质许可的范围内从事建筑材料检测业务。

(2) 检测人员必须培训合格后方可上岗。

(3) 检测单位对应见证取样的试块、试件或材料应检查委托单及试样上的标识、标志，确认无误后方进行检测。

(4) 检测单位应按照有关规定和技术标准进行检测，出具公正、真实、准确的检测报告，并加盖专用章。

(5) 检测单位在接受委托检验见证取样的试块、试件或材料任务时，须由送检单位填写委托单，见证人员应在检验委托单上签名。

(6) 检测单位出具见证取样的试块、试件或材料的检验报告时，应在检验报告单备注栏中注明见证单位和见证人员姓名，发生试样不合格情况，首先要通知工程受监工程质量监督机构和见证单位。

1.4 影响检测结果准确性的因素

影响检测结果的因素很多，主要有人的因素、检测方法的因素、检测设备的因素和检测环境的因素。

1. 人的因素

这里的"人"泛指参与检测试验工作的人员，并非人掌握了检测技术、具有良好的职业道德就完全能保证检测的准确性了。人的因素是最不稳定的因素，这是因为人的精神状态是最易受到各种干扰影响的，体力也是会在不同情况下发生变化的。

人与人间的配合也是非常重要的。影响配合的因素很多，如两个人对检测方法、技术标准认识不同等。

因此，调整好人的精神状态和体力状态，调整好人与人之间的关系并统一认识，对保证检测结果的准确性有重要的作用。

2. 检测方法的因素

工程质量检测对象种类繁多，检测方法存在许多局限性和难以克服的问题，客观上会造成检测结果出现比较大的分散性。

3. 检测设备的因素

检测试验仪器设备与国家计量基准溯源的良好技术状态是非常重要的，国家对试验室(检测试验单位)计量认证规定的计量器具必须进行同期性的检定或核准，这是保证检测结果的准确性维持在规定范围内的基本要求。

4. 检测环境的因素

检测活动都是在一定的环境条件下进行的。检测准确性的基本要求是检测环境的影响应该小于检测误差的影响。但是往往一些环境对检测结果的影响是很大的。如检测方法中的温度条件、电子计量器具附近有强电磁干扰、精密天平附近有较大的振动干扰等，都会对检测结果产生影响。

1.5 检测记录

1. 检测记录的基本要求

1) 记录的完整性

检测记录信息齐全，以保证检测行为能够再现；检测表格的内容应齐全，计算公式、步骤齐全，应附加的曲线、资料齐全；签字手续完备齐全等。

2) 记录的严肃性

按规定要求记录、修正检测数据，保证记录具有合法性和有效性；记录数据应清晰、规正，保证其识别的唯一性；检测、记录、数据处理以及计算过程规范性，保证其校核的简便、正确。

3) 记录的原始性

要求检测记录必须当场完成，不得追记、誊记，不得事后采取回忆方式补记；记录的修正必须当场完成，不得事后修改；记录必须按规定使用的笔完成；记录表格必须事先准备统一规格的正式表格，不得采用临时设计的未经批准的非正式表格。

2. 原始记录的记录要求

(1) 所有的检测原始记录应按规定的格式填写，除有特殊规定外，书写时应使用蓝或黑色钢笔或签字笔，字迹应端正、清晰，不得漏记、补记、追记。记录数据占记录格的1/2以下，以便修正记录错误。

(2) 使用法定的计量单位，按标准规定的有效数字的位数记录，正确进行数字修约。

(3) 如遇到错误需要更正时，应遵循"谁记录谁修改"的原则，由原记录人采用"杠改"的方式更正，即按"杠改"发生的错误记录，表示该数据已经无效，在杠改记格内的右上方填上正确的数据并加盖自己的专用名章。其他人不得代替记录人修改。在任何情况下不得采用涂改、刮除或其他方式销毁错误的记录，并应保证其清晰可见。

(4) 检测试验人员应按要求填写与试验有关的全部信息，需要说明的应说明。

(5) 检测人员应按标准要求提交整理分析得出的结果、图表和曲线。

(6) 检测人员和校核人员应按要求在记录表格和图表、曲线的特定位置签署姓名，其他人不得代签。

工作任务 2　见证抽样送样检测制度

2.1　见证抽样送样检测制度

抽样，是按照有关技术标准、规范的规定，从检验(或检测)对象中抽取试验样品的过程；送检，是指取样后将样品从现场移交有检测资格的单位承检的过程。具体要求如下：

(1) 现场取样一般应遵从随机抽取的原则，使用适宜的抽样工具和容器。

(2) 抽样应符合标准规定或事先确定的方法。

(3) 抽样应有记录。记录包括：抽样程序和遵循的方法，抽样人(被抽样单位和监理单位在场的人员应签字确认)、抽样时间、位置、环境等。

(4) 见证抽样后，需要在监理人员的见证下将样品送至检测部门，并填写检测委托书。委托书样表见本书附录《建筑材料检测试验报告书》。

2.2　见证取样的数量

涉及结构安全的试块、试件和材料，见证取样和送样的比例，不得低于有关技术标准中规定应取样数量的30%。

2.3　见证取样的范围

按规定下列试块、试件和材料必须实施见证取样和送检：

(1) 用于承重结构的混凝土试块；

(2) 用于承重墙体的砌筑砂浆试块；

(3) 用于承重结构的钢筋及连接接头试件；

(4) 用于承重墙的砖和混凝土小型砌块；

(5) 用于拌制混凝土和砌筑砂浆的水泥；

(6) 用于承重结构的混凝土中使用的掺加剂；

(7) 地下、屋面、厕浴间使用的防水材料；

(8) 国家规定必须实行见证取样和送检的其他试块、试件和材料。

2.4 见证取样的程序

(1) 建设单位应向工程受监工程质量监督机构和工程检测单位递交"见证单位和见证人员授权书"。授权书应写明本工程现场委托的见证单位和见证人员姓名，以便工程质量监督机构和检测单位检查核对。

(2) 施工企业取样人员在现场进行原材料取样和试块制作时，见证人员必须在旁见证。

(3) 见证人员应对试样进行监护，并和施工企业取样人员一起将试样送至监测单位或采取有效的封样措施送样。

(4) 检测单位对见证取样的试块、试件或材料进行检测。

工作任务3 试验数据处理(数字修约)

数字修约：各种测量、计算的数值都需要按相关的计量规则进行数字修约。

3.1 数字修约的有关术语

1. 修约间隔

系确定修约保留位数的一种方式。修约间隔的数值一经确定，修约值即应为该数值的整数倍。

例：如指定修约间隔为0.1，修约值即应在0.1的整数倍中选取，相当于将数值修约到一位小数。

2. 有效位数

对没有小数位且以若干个零结尾的数值，从非零数字最左一位向右数得到的位数减去无效零(即仅为定位用的零)的个数。

例：35 000，若有两个无效零，则为三位有效位数，应写为 350×10^2；若有三个无效零，则为两位有效位数，应写为 35×10^3。

对其他十进位数，从非零数字最左一位向右数而得到的位数，就是有效位数。

例：3.2，0.32，0.032，0.003 2 均为两位有效位数；0.032 0 为三位有效位数。

3. 0.5 单位修约(半个单位修约)

指修约间隔为指定数位的0.5单位，即修约到指定数位的0.5单位。

例如，将60.28修约到个数位的0.5单位，得60.5。

4. 0.2 单位修约

指修约间隔为指定数位的 0.2 单位，即修约到指定数位的 0.2 单位。

例如，将 832 修约到"百"数位的 0.2 单位，得 840。

3.2 确定修约位数的表达方式

1. 指定数位

(1) 指定修约间隔为 10^n(n 为正整数)，或指明将数值修约到 n 位小数。

(2) 指定修约间隔为 1，或指明将数值修约到个数位。

(3) 指定修约间隔为 $10n$，或指明将数值修约到 $10n$ 数位(n 为正整数)，或指明将数值修约到"十"、"百"、"千"、……数位。

2. 指定将数值修约成 n 位有效位数

3.3 进舍规则

(1) 拟舍弃数字的最左一位数字小于 5 时，则舍去，即保留的各位数字不变。

例：将 12.149 8 修约到一位小数，得 12.1。

例：将 12.149 8 修约成两位有效位数，得 12。

(2) 拟舍弃数字的最左一位数字大于 5；或者是 5，而其后跟有并非全部为 0 的数字时，则进一，即保留的末位数字加 1。

例：将 1 268 修约到"百"数位，得 $13×10^2$。

例：将 1 268 修约成三位有效位数，得 $127×10$。

例：将 10.502 修约到个数位，得 11。

(3) 拟舍弃数字的最左一位数字为 5，而右面无数字或皆为 0 时，若所保留的末位数字为奇数(1，3，5，7，9)则进一，为偶数(2，4，6，8，0)则舍弃。

例：修约间隔为 0.1(或 10^{-1})。

拟修约数值	修约值
1.050	1.0
0.350	0.4

例：修约间隔为 1 000(或 10^3)。

拟修约数值	修约值
2 500	$2×10^3$
3 500	$4×10^3$

(4) 负数修约时，先将它的绝对值按上述 3.1～3.3 规定进行修约，然后在修约值前面加上负号。

例：将下列数字修约到"十"数位。

拟修约数值	修约值
−355	−36×10
−325	−32×10

例：将下列数字修约成两位有效位数。

拟修约数值　　　修约值
−365　　　　　−36×10
−0.036 5　　　　−0.036

3.4　不许连续修约

(1) 拟修约数字应在确定修约位数后一次修约获得结果。

例：修约 15.454 6，修约间隔为 1。

正确的做法：

15.454 6→15

不正确的做法：

15.454 6→15.455→15.46→15.5→16

(2) 在具体实施中，有时测试与计算部门先将获得数值按指定的修约位数多一位或几位报出，而后由其他部门判定。为避免产生连续修约的错误，应按下述步骤进行。

① 报出数值最右的非零数字为 5 时，应在数值后面加"（＋）"或"（－）"或不加符号，以分别表明已进行过舍、进或未舍未进。

例：16.50(＋)表示实际值大于 16.50，经修约舍弃成为 16.50；16.50(－)表示实际值小于 16.50，经修约进一成为 16.50。

② 如果判定报出值需要进行修约，当拟舍弃数字的最左一位数字为 5 而后面无数字或皆为零时，数值后面有(＋)号者进一，数值后面有(－)号者舍去，其他仍按进舍规则进行。

例：将下列数字修约到个数位后进行判定(报出值多留一位到一位小数)。

实测值　　　　报出值　　　　修约值
15.454 6　　　15.5(－)　　　15
16.520 3　　　16.5(＋)　　　17
17.500 0　　　17.5　　　　　18
−15.454 6　　−(15.5(－))　　−15

3.5　0.5 单位修约与 0.2 单位修约

必要时，可采用 0.5 单位修约和 0.2 单位修约。

1. 0.5 单位修约

将拟修约数值乘以 2，按指定数位依进舍规则修约，所得数值再除以 2。

例：将下列数字修约到个数位的 0.5 单位(或修约间隔为 0.5)。

拟修约数值	乘2	2A 修约值	A 修约值
(A)	(2A)	(修约间隔为 1)	(修约间隔为 0.5)
60.25	120.50	120	60.0
60.38	120.76	121	60.5
−60.75	−121.50	−122	−61.0

2. 0.2 单位修约

将拟修约数值乘以 5，按指定数位依进舍规则修约，所得数值再除以 5。

例：将下列数字修约到"百"数位的 0.2 单位(或修约间隔为 20)。

拟修约数值 (A)	乘 5 ($5A$)	$5A$ 修约值 (修约间隔为 100)	A 修约值 (修约间隔为 20)
830	4 150	4 200	840
842	4 210	4 200	840
−930	−4 650	−4 600	−920

项目 2

通用水泥检测试验

工程任务 1 取 样

水泥检验应按同一生产厂家、同一等级、同一品种、同一批号且连续进场的水泥,袋装不超过 200t 为一批,散装不超过 500t 为一批,每批抽样不少于一次。取样应有代表性,可连续取,也可以从 20 个以上不同部位抽取等量样品,总量至少 12kg。

工程任务 2 确定检测依据

(1)《通用硅酸盐水泥》(GB 175—2007)。
(2)《水泥标准稠度、凝结时间、体积安定性检测方法》(GB/T 1346—2001)。
(3)《水泥胶砂强度检验方法》(GB/T 17671—1999)。
(4)《水泥取样方法》(GB 12573—2008)。
(5)《水泥细度检验方法 筛析法》(GB/T 1345—2005)。

工程任务 3 通用水泥细度的检验(筛析法)

3.1 检测试验的目的

通过筛析法测定筛余量,评定水泥细度是否达到标准要求。

3.2 检验标准及主要质量指标检验方法标准

《水泥细度检验方法 筛析法》(GB/T 1345—2005)。

GB 175—2007 规定：水泥细度为选择性指标；矿渣硅酸盐水泥、火山灰质硅酸盐水泥、粉煤灰硅酸盐水泥和复合硅酸盐水泥的细度以筛余表示，其 80μm 方孔筛筛余不大于 10% 或 45μm 方孔筛筛余不大于 30%。

细度检验方法有负压筛法、水筛法和干筛法三种，当三种检验方法测试结果发生争议时，以负压筛法为准。

3.3 主要仪器设备

(1) 负压筛析仪：由内筛座、负压筛、负压源和收尘器组成，如图 2.1 所示。
(2) 试验筛：由圆形筛框和筛网组成，分负压筛和水筛两种，如图 2.2 所示。
(3) 水筛架和喷头。
(4) 天平最大感量 100g，分度值不大于 0.05g。

图 2.1 负压筛析仪

图 2.2 试验筛

3.4 试验步骤及注意事项

1. 试验步骤(负压筛法)

(1) 筛析试验前,将负压筛放在筛座上,盖上筛盖,接通电源,检查控制系统,调整负压在 4 000~6 000Pa 范围内。

(2) 称取试样 25g。置于洁净的负压筛中,盖上筛盖,放在筛座上,开动筛析仪连续筛析 2min,在此期间如有试样附着在筛盖上,可轻轻敲击使试样落下。筛毕,用天平称量筛余量。

2. 试验注意事项

当工作负压小于 4 000Pa 时,应清理吸尘器内水泥,使负压恢复正常。

3.5 试验结果处理

水泥试样筛余百分数按式(2-1)计算(精确至 0.1%):

$$F = \frac{R_s}{m} \times 100 \tag{2-1}$$

式中　F ——水泥试样的筛余百分数,%;
　　　R_s ——水泥筛余物的质量,g;
　　　m ——水泥试样的质量,g。

工作任务 4　标准稠度用水量测定试验

4.1 检测试验的目的

水泥的凝结时间、安定性均受水泥浆稠稀的影响,为了不同水泥具有可比性,水泥必须有一个标准稠度,通过此项试验测定水泥浆达到标准稠度时的用水量,作为凝结时间和安定性试验用水量的标准。

4.2 检验标准及主要质量指标检验方法标准

(1)《通用硅酸盐水泥》(GB 175—2007)。
(2)《水泥标准稠度、凝结时间、体积安定性检测方法》(GB/T 1346—2001)。

GB/T 1346—2001 规定,当采用标准法时,以试杆沉入净浆并距底板 6±1mm 时水泥净浆为标准稠度净浆,其拌合水量为该水泥的标准稠度用水量(P);当采用代用法时,以试锥下沉深度 28±2mm 时的净浆为标准稠度净浆,其拌合水量为该水泥的标准稠度用水量(调整水量法)或标准稠度用水量。

4.3 主要仪器设备

(1) 水泥净浆搅拌机,如图 2.3 所示。
(2) 代用法维卡仪。
(3) 标准法维卡仪。

(4) 量水器：最小刻度为 0.1mL，精度 1%。

(5) 天平：分度值不大于 1g，最大称量不小于 1kg。

图 2.3 水泥净浆搅拌机

图 2.4 维卡仪

4.4 试验步骤及注意事项

1. 标准法

1) 试验步骤

(1) 搅拌机具用湿布擦过后，将拌合水倒入搅拌锅内，然后在 5～10s 内小心将称好的 500g 水泥加入水中。

(2) 拌和时，低速搅拌 120s，停 15s，同时将搅拌机具粘有的水泥浆刮入锅内，接着高速搅拌 120s，停机。

(3) 拌和结束后，立即将拌和的水泥浆装入已置于玻璃底板上的试模内，用小刀插捣，轻振数次，刮去多余的净浆。抹平后迅速将试模和底板移到维卡仪上，调整试杆与水泥浆表面接触，拧紧螺丝 1~2s 后，突然放松，使试杆垂直自由沉入水泥浆中，在试杆停止沉入或放松 30s 时记录试杆距底板之间的距离。

2) 注意事项

(1) 维卡仪的金属棒能自由滑动。

(2) 调整至柱接触玻璃板时指针对准零点。

(3) 沉入深度测定应在搅拌后 1.5min 以内完成。

2. 代用法

1) 试验步骤

(1) 搅拌机具用湿布擦过后，将拌合水倒入搅拌锅内，然后在 5~10s 内小心将称好的 500g 水泥加入水中。

(2) 拌和时，低速搅拌 120s，停 15s，同时将搅拌机具粘有的水泥浆刮入锅内，接着高速搅拌 120s，停机。

(3) 采用代用法测定水泥标准稠度用水量时，可采用调整水量法或不变水量法，采用调整水量法时拌合水据经验确定，采用不变水量法时拌合水用 142.5mL。

(4) 水泥净浆搅拌结束后，立即将拌和好的水泥浆装入锥模中，用小刀插捣，轻振数次，刮去多余的净浆。抹平后迅速放至试锥下面固定的位置上，将试锥与水泥净浆表面接触，拧紧螺丝 1~2s 后，突然放松，使试锥垂直自由沉入净浆中，到试锥停止下沉或释放试锥 30s 时，记录试锥下沉深度。

2) 注意事项

(1) 维卡仪的金属棒能自由滑动。

(2) 调整至试锥接触锥模顶面时指针对准零点。

(3) 沉入深度测定应在搅拌后 1.5min 以内完成。

4.5 试验结果处理

1. 标准法

采用标准法时，以试杆沉入净浆并距底板 6±1mm 的水泥浆为标准稠度净浆，其拌合水为该水泥的标准稠度用水量(P)。

2. 代用法

采用代用法时，用调整水量方法测定时，以试锥下沉深度 28±2mm 时的净浆为标准稠度净浆，其拌合水量为该水泥的标准稠度用水量(P)，按水泥质量百分比计算；用不变水量方法测定时，据试锥下沉深度 S(mm)按式(2-2)计算得标准稠度用水量(P)。

$$P = 33.4 - 0.185S \qquad (2-2)$$

标准稠度用水量也可从仪器上对应的标尺上读取，当 $S<13$mm 时，应改用调整水量法测定。

工作任务5 水泥凝结时间检验

5.1 检测试验的目的

通过水泥凝结时间的测定,得到初凝时间和终凝时间,与国家标准进行比较,判定水泥凝结时间指标是否符合要求。

5.2 检验标准及主要质量指标检验方法标准

(1)《水泥标准稠度、凝结时间、体积安定性检测方法》(GB/T 1346—2001)。
(2)《通用硅酸盐水泥》(GB 175—2007)。

GB 175—2007 规定:硅酸盐水泥初凝时间不小于 45min,终凝时间不大于 390min;普通硅酸盐水泥、矿渣硅酸盐水泥、火山灰质硅酸盐水泥、粉煤灰硅酸盐水泥和复合硅酸盐水泥初凝时间不小于 45min,终凝时间不大于 600min。

5.3 主要仪器设备

(1) 凝结时间测定仪(如图 2.5 所示)。
(2) 量水器:最小刻度为 0.01mL,精度 1%。
(3) 天平:最大称量不小于 1 000g,分度值不大于 1g。
(4) 温热养护箱:温度 20±3℃,相对湿度>90%,如图 2.6 所示。

图 2.5 凝结时间测定仪

图 2.6 温热养护箱

5.4 试验步骤及注意事项

1. 试验步骤

(1) 试件的制备。按标准稠度用水量测定方法制备标准稠度水泥净浆(水泥 500g, 拌和水为检测得的标准稠度用水量), 一次装满试模振动数次刮平后, 立即放入养护箱内, 记录水泥加入水中的时间即为凝结时间的起始时间。

(2) 初凝时间测定。试件在养护箱中养护至 30min 时进行第一次测定。测定时, 将试针与水泥净浆表面接触, 拧紧螺钉 1~2s 后, 突然放松, 使试针铅垂自由沉入净浆中, 观察试针停止下沉或释放试针 30s 时指针的读数, 并同时记录此时的时间。

(3) 终凝时间测定。在完成初凝时间测定后, 将试模连同浆体从玻璃板上平移取下, 并翻转 180° 将小端向下放在玻璃板上, 再放入养护箱内继续养护, 接近终凝时间时, 每隔 15min 测定一次, 并同时记录测定时间。

2. 注意事项

(1) 测定前调整试件接触玻璃板时, 指针对准零点。

(2) 整个测定过程中试针以自由下落为准, 且沉入位置至少距试模内壁 10mm。

(3) 每次测定不能让试针落入原孔, 每次测完须将试针擦净并将试模放入养护箱, 整个测试防止试模受振。

(4) 临近初凝, 每隔 5min 测定一次, 临近终凝, 每隔 15min 测定一次。达到初凝或终凝时应立即重复测一次, 当两次结论相同时, 才能定为达到初凝状态或终凝状态。

5.5 试验结果处理

初凝时间确定: 当试针沉至距底板 4±1mm 时, 为初凝时间, 从水泥加入水中起至初凝状态的时间为初凝时间, 用"min"表示。

终凝时间确定：当试针沉入试体 0.5mm 时(即环形附件开始不能在试件上留下痕迹时)为终凝状态，从水泥加入水中起至终凝状态的时间为终凝时间，用"min"表示。

工作任务 6 水泥安定性检验

6.1 检测试验的目的

通过测定沸煮后标准稠度水泥净浆试样的体积和外形的变化程度，评定体积安定性是否合格。

6.2 检验标准及主要质量指标检验方法标准

(1)《通用硅酸盐水泥》(GB 175—2007)。
(2)《水泥标准稠度、凝结时间、体积安定性检测方法》(GB/T 1346—2001)。

GB 175—2007 规定：硅酸盐水泥、普通硅酸盐水泥、矿渣硅酸盐水泥、火山灰质硅酸盐水泥、粉煤灰硅酸盐水泥和复合硅酸盐水泥安定性沸煮法检验必须合格。

测定方法可以用试饼法也可用雷氏法，有争议时以雷氏法为准。

6.3 主要仪器设备

(1) 雷氏夹：由铜质材料制成，其结构如图 2.7 所示。当一根指针的根部先悬挂在一根金属丝或尼龙丝上，另一根指针的根部再挂上 300g 质量的砝码时，两根指针的针尖距离增加应在 17.5±2.5mm 范围以内，即 $2x = 17.5±2.5mm$，当去掉砝码后针尖的距离能恢复至挂砝码前的状态。

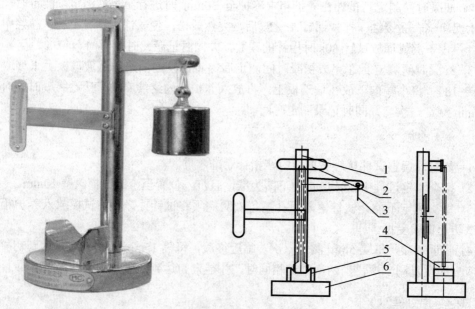

图 2.7 雷氏夹测定仪

1—支架；2—标尺；3—弦线；4—雷氏夹；5—垫块；6—底座

(2) 沸煮箱：有效容积约为 410mm×240mm×310mm，箱的内层由不易锈蚀的金属材料制成。箅板与加热器之间的距离大于 50mm，能在 30±5min 内将箱内的试验用水由室温升至沸腾并可保持沸腾状态 3h 以上，整个试验过程中不需补充水量，如图 2.8 所示。

(3) 雷氏夹膨胀值测定仪：如图 2.7 所示，标尺最小刻度为 0.5mm。

(4) 水泥净浆搅拌机。

(5) 湿热养护箱。

图 2.8 沸煮箱

6.4 试验步骤及注意事项

1. 雷氏法

1) 试验步骤

(1) 将预先准备好的雷氏夹放在已稍擦油的玻璃板上，并立刻将已制好的标准稠度净浆装满雷氏夹，一只手轻扶雷氏夹，一手用小刀插捣数次抹平，盖上稍涂油的玻璃板，置养护箱内养护 24±2h。

(2) 调整好沸煮箱内的水位，使能保证在整个沸煮过程中都没过试件，不需中途加水，同时又保证能在 30±5min 内升至沸腾。

(3) 脱去玻璃板，取下试件，测量雷氏夹指针尖端间的距离(A)，精确到 0.5mm，接着将试件放入沸煮箱的试件架上，指针朝上，试件之间互不交叉，然后在 30±5min 内加热至沸并恒沸 180±5min。

(4) 沸煮结束后，立即放掉沸煮箱中的热水，冷却至室温，取出试件，测量雷氏夹指针尖端的距离(c)，准确至 0.5mm。

2) 注意事项

(1) 需平行测试两个试件。

(2) 凡水泥净浆接触的玻璃板和雷氏夹表面都要稍涂一层油(起隔离作用)。

2. 试饼法

1) 试验步骤

(1) 将制好的标准稠度净浆分成两等份，使之呈球形，放在预先准备好的玻璃板上，轻轻振动玻璃板并用湿布擦过的小刀由边缘向中央抹动，做成直径 70～80mm、中心厚约 10mm、边缘渐薄、表面光滑的试饼，放入养护箱内养护 24±2h。

(2) 脱去玻璃板取下试件。先检查试饼是否完整(如已开裂翘曲要检查原因，确证无外因时，该试饼已属不合格不必沸煮)，在试饼无缺陷的情况下，将试饼放在沸煮箱的水中篦板上，然后在 30±5min 内加热至沸，并恒沸 180±5min。沸煮结束后，立即放掉沸煮箱中的热水，冷却至室温，取出试饼观察、测量。

2) 注意事项

(1) 需平行测试两个试件。

(2) 凡水泥净浆接触的玻璃板都要稍涂一层油(起隔离作用)。

(3) 试饼应在无任何缺陷条件下方可沸煮。

6.5 试验结果判断

1. 雷氏法

当沸煮前后两个试件指针端距离差(C—A)的平均值不大于 5.0mm 时，即认为该水泥安定性合格，当(C—A)相差超过 4mm 时，应用同一样品立即重做一次试验，再如此则认为水泥安定性不合格。安定性不合格的水泥则判定为不合格品。

2. 试饼法

目测未发现裂缝，钢直尺测量未弯曲(钢直尺和试饼底部紧靠，以两者间不透光为不弯曲)的试饼为安定性合格，当两个试饼判别结果有矛盾时，该水泥的安定性为不合格。安定性不合格的水泥则判定为不合格品。

工作任务 7　水泥胶砂强度检验

7.1 检测试验的目的

通过检验不同龄期的抗压强度、抗折强度，确定水泥的强度等级或评定水泥强度是否符合标准要求。

7.2 检验标准及主要质量指标检验方法标准

(1)《通用硅酸盐水泥》(GB 175—2007)；

(2)《水泥胶砂强度检验方法》(GB/T 17671—1999)。

GB 175—2007 规定：不同品种不同强度等级的通用硅酸盐水泥，其不同龄期的强度应符合表 2-1 的规定。

表 2-1　通用硅酸盐水泥强度

品种	强度等级	抗压强度/MPa		抗折强度/MPa	
		3d	28d	3d	28d
硅酸盐水泥	42.5	≥17.0	≥42.5	≥3.5	6.5
	42.5R	≥22.0		≥4.0	

续表

品种	强度等级	抗压强度/MPa		抗折强度/MPa	
		3d	28d	3d	28d
	52.5	≥23.0	≥52.5	≥4.0	7.0
	52.5R	≥27.0		≥5.0	
	62.5	≥28.0	≥62.5	≥5.0	8.0
	62.5R	≥32.0		≥5.5	
普通硅酸盐水泥	42.5	≥17.0	≥42.5	≥3.5	≥6.5
	42.5R	≥22.0		≥4.0	
	52.5	≥23.0	≥52.5	≥4.0	≥7.0
	52.5R	≥27.0		≥5.0	
矿渣硅酸盐水泥 火山灰硅酸盐水泥 粉煤灰硅酸盐水泥 复合硅酸盐水泥	32.5	≥10.0	≥32.5	≥2.5	≥5.5
	32.5R	≥15.0		≥3.5	
	42.5	≥15.0	≥42.5	≥3.5	≥6.5
	42.5R	≥9.0		≥4.0	
	52.5	≥21.0	≥52.5	≥4.0	≥7.0
	52.5R	≥23.0		≥4.5	

7.3 主要仪器设备

(1) 行星式胶砂搅拌机：由搅拌锅，搅拌叶，电动机等组成，符合(JC/T 681—1997)标准，如图 2.9 所示。

(2) 水泥胶砂试模：由三个模槽组成，可同时成型三条截面为 40mm×40mm，长度为 160mm 的菱形试件，符合(JC/T 726—1999)标准，如图 2.10 所示。

(3) 水泥胶砂试体成型振实台：符合(JC/T 682—1997)标准。

(4) 抗折试验机。

(5) 抗压试验机。

(6) 抗压夹具：受压面积 40mm×40mm，符合(JC/T 683—1997)标准。

图 2.9　行星式胶砂搅拌机

图 2.10 水泥胶砂试模

图 2.11 抗折抗压试验机

7.4 试验步骤及注意事项

1. 试验步骤

(1) 配合比。对于 GB/T 17671 限定的通用水泥，按水泥试样、标准砂(ISO)、水，以质量计的配合比为 1∶3∶0.5，每一锅胶砂成型三条试件，需水泥试样 450±2g，ISO 标准砂 1 350±5g，水 225±1g。

(2) 搅拌。把水加入锅内，再加入水泥，把锅放在固定架上，上升至固定位置后开动搅拌机，低速搅拌 30s 后，在第一个 30s 开始搅拌的同时均匀加入砂(当各级砂是分装时，从最大粒级开始，依次将所需的每级砂量加完)然后把机器转至高速，再拌 30s，停拌 90s。在第一个 15s 内，用胶皮刮具将叶片和锅壁上的胶砂刮入锅中间，在高速下继续搅拌 60s，各个搅拌阶段，时间误差应在 1s 以内。

(3) 成型。胶砂制备后应立即成型，将空模及模套固定于振实台上，将胶砂分两层装入试模，装第一层时每模槽内约放 300g 胶砂，并将料层插平振实 60 次后，再装入第二层胶砂，插平后再振实 60 次，然后从振实台上取上试模，用金属直尺以 90°的角度架在试模模顶一端，沿试模长度方向从横向以锯割动作慢慢向另一端移动，将超出试模部分的胶砂刮去并抹平，然后做好标记。

(4) 养护。将做好标记的试模放入养护箱内至规定时间拆模，对于 24h 龄期的试件，应在试验前 20min 内脱模，并用湿布覆盖到试验。对于 24h 以上龄期的试件，应在成型后 20~24h 间脱模，并放入相对湿度大于 90%的标准养护室或水中养护(温度 20±1℃)。

(5) 试验。养护到期的试件，应在试验前 15min 从水中取去，擦去表面沉积物，并用湿布覆盖到试验。先进行抗折试验，后做抗压试验。

抗折试验：将试件长向侧面放于抗折试件机的两个支撑圆柱上，通过加荷圆柱，以(50±10)N/s 速率均匀将荷载加在试件相对侧面至折断，记录破坏荷载(F_1)。

抗压试验：以折断后保持潮湿状态的两个半截棱柱体以侧面为受压面，分别放入抗压夹具内，并要求试件中心、夹具中心、压力机压板中心，三心合一，偏差为±0.5mm，以(2.4±0.2)kN/s 的速率均匀加荷至破坏，记录破坏荷载(F_c)。

2. 注意事项

(1) 试模内壁应在成型前涂薄层的隔离剂。
(2) 脱模时应小心操作，防止试件受到损伤。
(3) 养护时不应将试模叠放。

7.5 试验结果处理

1. 抗折强度计算

抗折强度按式(2-3)计算：

$$R_1 = 1.5 F_1 L / b^3 \text{(精确至 0.1MPa)} \tag{2-3}$$

式中 F_1——棱柱体折断时的荷载，kN；
      b——试件断面正方形的边长，取 40mm；
      L——支撑圆柱中心距。

以一组 3 个棱柱体抗折强度的平均值为试验结果，当 3 个强度值中有超出平均值±10%时，应剔除后再取平均值作为抗折强度试验结果。

2. 抗压强度计算

抗压强度按式(2-4)计算：

$$R_c = F_c / A \text{(精确至 0.1MPa)} \tag{2-4}$$

式中 F_c——受压破坏最大荷载，kN；
      A——受压面积，为 40mm×40mm。

以一组 6 个棱柱体得到的 6 个抗压强度的技术平均值为试验结果。当 6 个测定值中有一个超出 6 个平均值的±10%时，应剔除这个结果，以剩下的 5 个抗压强度的平均值为结果，若 5 个测定值中再有超出平均数±10%时，则此组结果作废。

当强度值低于标准要求的最低强度值时，应视为不合格。

工作任务 8　填写水泥检测试验原始记录

记录表见本书附录《建筑材料检测试验报告书》。

工作任务 9　填写水泥检测试验检测报告

检测报告表见本书附录《建筑材料检测试验报告书》。

项目 3

砂的检测试验

工作任务 1 取 样

砂取样应按批进行。GB/T 14684—2001 规定：按同品种、规格、适用等级及日产量每 600t 为一批，不足 600t 亦为一批，日产量超过 2 000t，按 1 000t 为一批，不足 1 000t 亦为一批。日产量超过 5 000t，按 2 000t 为一批，不足 2 000t 亦为一批。

取样方法按 GB/T 14684—2001 有关规定执行。

(1) 在料堆上取样时，取样部位应均匀分布。取样前先将取样部位表层铲除，然后从不同部位抽取大致等量的砂 15 份(在料堆的顶部、中部和底部均匀分布的 8 个不同部位取得)组成一组样品。

(2) 从火车、汽车、货船上取样时，从不同部位和深度抽取大致等量的砂 8 份，组成一组样品。

(3) 每组样品的取样数量，对单项试验不少于规定的最少取样数量；对于多项试验，若确能保证试样经一项试验后不致影响另一项试验结果，可用同一试样进行几项不同的试验。

(4) 每组试样取样后，应将所取样品置于平板上，在自然状态下拌和均匀，并堆成堆体，然后沿互相垂直的两条直径把堆体分成大致相等的 4 份，取其中对角线的两份重新拌匀，再堆成堆体。重复上述过程，直至把样品缩分到试验所需量为止。

(5) 堆积密度检验所用试样可不经缩分，在拌匀后直接进行试验。

工作任务 2　确定检测依据

(1)《建筑用砂》(GB/T 14684—2001)。
(2)《建筑砂浆配合比设计规程》(JGJ 98—2000)。

工作任务 3　砂表现密度检验

3.1　检测试验的目的

通过密度的测定，判断是否符合标准要求，并为计算砂的孔隙率和混凝土配比设计提供依据。

3.2　检验标准及主要质量指标检验方法标准

《建筑用砂》(GB/T 14684—2001)。
GB/T 14684—2001 规定：砂的表观密度应大于 2 500kg/m^3。

3.3　主要仪器设备

(1) 烘箱：使温度控制在 105±5℃(如图 3.1 所示)。
(2) 天平：称量 10kg 或者 1kg，感量 1g。
(3) 容量瓶：500mL。

图 3.1　烘箱

3.4　试验步骤及注意事项

1. 试验步骤

(1) 按规定取样缩分后，称取约 660g，放在烘箱中 105±5℃烘干至恒量，待冷却至室温后，分成大致相等的两份备用。

(2) 称取试样 G_0=300g(精确至 1g),将试样装入容量瓶,注入冷开水至接近 500mL 的刻度处,充分摇动,排除气泡,塞紧瓶塞,静置 24h,然后用滴管小心加水至容量瓶 500mL 刻度处,塞紧瓶塞,擦干瓶外水分,称其质量 G_1(精确至 1g)。

(3) 倒出瓶中水和试样,洗净容量瓶,再向瓶内注水至 500mL 刻度处,塞紧瓶塞,擦干瓶外水分,称其质量 G_2(精确至 1g)。

2. 注意事项

(1) 试验用水应在整个试验过程中保持水温相差不超过 2℃(并在 15～25℃)。
(2) 带有容量瓶称量时必须擦干瓶外水分。
(3) 滴管添水至瓶颈 500mL 刻度线应当以弯液面为准。

3.5 试验结果处理

1. 试验数据处理

表观密度按式(3-1)计算,精确至 $10kg/m^3$:

$$\rho_0 = \frac{G_0}{G_0 + G_2 - G_1} \times \rho_{水} \tag{3-1}$$

式中　ρ_0——表观密度,kg/m^3;
　　　$\rho_{水}$——水的密度,$1\,000kg/m^3$;
　　　G_0——烘干试样的质量,g(即 300g);
　　　G_1——试样,水及容量瓶的总质量,g;
　　　G_2——水及容量瓶的总质量,g。

2. 试验结果评定

表观密度取两次试验结果的算术平均值,若两次试验之差大于 $20kg/m^3$ 时应重新试验。当砂密度测定值≤$2\,500kg/m^3$,应重新选砂。

工作任务 4　砂堆积密度检验

4.1 检测试验的目的

通过测定砂的堆积密度,判定是否符合标准要求,并为计算孔隙率和混凝土配比设计提供依据。

4.2 检验标准及主要质量指标检验方法标准

《建筑用砂》(GB/T 14684—2001)。

GB/T 14684—2001 规定:堆积密度应大于 $1\,350kg/m^3$,孔隙率应小于 47%。

4.3 主要仪器设备

(1) 烘箱:温度控制在 105±5℃。

(2) 容量筒：容积为 1L。
(3) 方孔筛：孔径为 4.75mm 的筛一只(如图 3.2 所示)。

图 3.2　方孔筛

4.4　试验步骤及注意事项

1. 试验步骤

(1) 按规定取样缩分后，称取试样 3L，放在烘箱中于 105±5℃下烘干至恒量，待冷却至室温后，筛除大于 4.75mm 的颗粒，分成大致相等的两份备用，称容量筒质量 G_2。

(2) 称取试样一份，用料斗将试样从容量筒中心上方 50mm 处，以自由落体落下徐徐倒入容量筒中并堆积，容量筒四周溢满时停止加料，然后用直尺沿筒沿口中心向两边刮平，称出试样和容量筒的总质量 G_1(精确至 1g)。

2. 注意事项

(1) 试样通过料斗装入容量筒时，料斗口距容量筒口最大高度不超过 50mm，试验过程中应防止振动容量筒。

(2) 试验前可按规定方法对容量筒体积进行校正。

4.5　试验结果处理

1. 试验数据计算

堆积密度按式(3-2)计算，精确至 $10kg/m^3$：

$$\rho_1 = \frac{G_1 - G_2}{V} \qquad (3\text{-}2)$$

式中　ρ_1——堆积密度，kg/m^3；
　　　G_1——容量筒和试样的总质量，g；
　　　G_2——容量筒质量，g；
　　　V——容量筒的容积，L。

孔隙率按式(4-3)计算，精确至1%：
$$P = (1 - \rho_1 - \rho_0) \times 100 \tag{3-3}$$

式中　P——孔隙率，%；
　　　ρ_1——按式(3-2)计算的堆积密度，kg/m³；
　　　ρ_0——按式(3-1)计算的表观密度，kg/m³。

2. 试验结果评定

堆积密度取两次试验结果的算术平均值，精确至10kg/m³。孔隙率取两次试验结果的算术平均值，精确至1%。当砂的堆积密度≤1 350kg/m³，孔隙率大于47%时，应重新选砂。

工作任务5　砂含泥量检验

5.1　检测试验的目的

通过砂含泥量测定，判断是否符合标准要求，以配制符合要求的混凝土。

5.2　检验标准及主要质量指标检验方法标准

《建筑用砂》(GB/T 14684—2001)。

GB/T 14684—2001规定：天然砂的含泥量应符合表3-1的规定。

表3-1　砂的含泥量规定

项　目	指　标		
	Ⅰ类	Ⅱ类	Ⅲ类
含泥量(按质量计)/%	<1.0	<3.0	<5.0

5.3　主要仪器设备

(1) 鼓风烘箱：能使温度控制在(105±5)℃。
(2) 天平：称量1kg，感量0.1g。
(3) 方孔筛：孔径为75μm及1.18mm的筛各一只。
(4) 容器：要求淘洗试样时，保持试样不溅出(深度大于250mm)。
(5) 搪瓷盘、毛刷等。

5.4　试验步骤及注意事项

1. 试验步骤

(1) 按规定取样，并将试样缩分至约1.1kg，放在烘箱中于(105±5)℃下烘干至恒量，待冷却至室温后，分为大致相等的两份备用。

(2) 称取试样500g，其质量记为G_1，精确到0.1g。将试样放入淘洗容器中，注入清水，使水面高于试样上表面约150mm，充分搅拌均匀后，浸泡2h，然后用手在水中淘洗试样，使尘屑、淤泥和黏土与砂粒分离，把浑水缓缓倒入1.18mm及75μm的套筛上(1.18mm筛放在75μm筛上面),滤去小于75μm的颗粒。试验前筛子的两面应先用水润湿。

(3) 再向容器中注入清水,重复上述操作,直至容器内的水目测清澈为止。

(4) 用水淋洗剩余在筛上的细粒,并将75μm筛放在水中(使水面略高出筛中砂粒的上表面)来回摇动,以充分洗掉小于75μm的颗粒,然后将两只筛上筛余的颗粒和清洗容器中已经洗净的试样一并倒入搪瓷盘中,置于烘箱中于(105±5)℃下烘干至恒量,待冷却至室温后,称出其质量 G_2,精确至0.1g。

2. 注意事项

(1) 恒量是指试样在烘干 1~3h 的情况下,其前后质量之差不大于该项试验所要求的称量精度。

(2) 在整个试验过程中应小心防止大于75μm颗粒流失。

5.5 试验结果处理

1. 试验数据计算

含泥量按式(3-4)计算,精确至0.1%:

$$Q_a = \frac{G_1 - G_2}{G_1} \times 100 \tag{3-4}$$

式中　Q_a——含泥量,%;
　　　G_1——试验前烘干试样的质量,g;
　　　G_2——试验后烘干试样的质量,g。

2. 试验结果评定

含泥量取两次试验结果的算术平均值为测定值,精确至0.1%。

工作任务6　砂泥块含量检验

6.1　检测试验的目的

通过砂泥块含量测定,判断是否符合标准要求,以配制符合要求的混凝土。

6.2　检验标准及主要质量指标检验方法标准

《建筑用砂》(GB/T 14684—2001)。

GB/T 14684—2001 规定:砂的泥块含量应符合表 3-2 的规定。

表 3-2　砂的泥块含量指标

项　目	指　标		
	Ⅰ类	Ⅱ类	Ⅲ类
泥块含量(按质量计)/%	0	<1.0	<2.0

6.3 主要仪器设备

(1) 鼓风烘箱：能使温度控制在(105±5)℃。
(2) 天平：称量1kg，感量0.1g。
(3) 方孔筛：孔径为600μm及1.18mm的筛各一只。
(4) 容器：要求淘洗试样时，保持试样不溅出(深度大于250mm)。
(5) 搪瓷盘，毛刷等。

6.4 试验步骤及注意事项

1. 试验步骤

(1) 按规定取样，并将试样缩分至约5kg，放在烘箱中于(105±5)℃下烘干至恒量，待冷却至室温后，筛除小于1.18mm的颗粒，分为大致相等的两份备用。

(2) 称取试样200g一份，其质量为G_1，精确到0.1g。将试样倒入淘洗容器中，注入清水，使水面高于试样上表面约150mm。充分搅拌均匀后，浸泡24h。然后用手在水中碾碎泥块，再把试样放在600μm筛上，用水淘洗，直至容器内的水目测清澈为止。

(3) 保留下来的试样小心地从筛中取出，装入搪瓷盘后，放在烘箱中于(105±5)℃下烘干至恒量，待冷却至室温后，称出其质量G_2，精确到0.1g。

2. 注意事项

恒量是指试样在烘干1h~3h的情况下，其前后质量之差不大于该项试验所要求的称量精度。

6.5 试验结果处理

1. 试验数据处理

泥块含量按式(4-5)计算，精确至0.1%：

$$Q_b = \frac{G_1 - G_2}{G_1} \times 100 \tag{3-5}$$

式中 Q_b——泥块含量，%；
　　G_1——1.18mm筛筛余试验的质量，g；
　　G_2——试验后烘干试样的质量，g。

2. 试验结果评定

泥块含量取两次试验结果的算术平均值，精确至0.1%。

工作任务7　砂的筛分析试验

7.1 检测试验的目的

通过筛分试验测定不同粒径骨料的含量比例，评定砂的颗粒级配状况及粗细程度，为选择砂源及混凝土配合设计提供依据。

7.2 检验标准及主要质量指标检验方法标准

《建筑用砂》(GB/T 14684—2001)。

GB/T 14684—2001建筑用砂标准规定：砂的级配应符合3个级配区的要求(粗砂区、中砂区、细砂区)，并根据细度模数规定了3种规格砂的范围，粗砂：3.7～3.1；中砂：3.0～2.3；细砂：2.2～1.6。

7.3 主要仪器设备

(1) 试验用标准筛：符合GB/T 6003中方孔试验筛的规定，孔径为150μm、300μm、600μm、1.18mm、2.36mm、4.75mm及9.5mm的筛各一只，并附有筛底和筛盖。

(2) 鼓风烘箱：温度控制在105℃±5℃。

(3) 天平：称量1kg，感量1g。

(4) 摇筛机。

7.4 试验步骤及注意事项

1. 试验步骤

(1) 取按规定取样缩分后的试样1.1kg，放入烘箱内于105±5℃下烘干至恒量，待冷却至室温后，筛除大于9.5mm的颗粒(不算出其筛余百分率)，分成相等的两份试样(每份550g)。

(2) 称取试样机500g(精确至1g)倒入按孔径大小从上至下组合的套筛上。

(3) 将放好试样的套筛安放在摇筛机上，摇筛10min后，取下套筛，按筛孔大小顺序依次逐个进行手筛，筛至每分钟通过量小于试样总量的0.1%(即0.5g)时为止，通过的试样(即小于筛孔直径的试样)并入下一号筛，并和下一号筛中的试样一起手筛，依次分别进行至各号筛全部筛完为止。

(4) 称量各号筛的筛余量(精确至1g)，试样在各号筛上的筛余量不得超过按式(3-6)计算出的量，若超过应按下列处理方法之一进行：筛分后，如每号筛的筛余量与筛底的剩余量之和同原试样质量之差超过1%时，须重新试验。

$$G = \frac{A \times d^{\frac{1}{2}}}{200} \quad (3\text{-}6)$$

式中　G——在一个筛上的筛余量，g；

　　　A——筛面面积，mm；

　　　d——筛孔尺寸，mm。

处理方法：

① 将该粒级试样分成少于按式(3-6)计算出的量(至少分成两份)，分别筛分，并以筛余量之和作为该号筛的筛余量。

② 将该粒级及以下各粒级的筛余混合均匀，称出其质量(精确至1g)，再用四分法缩分为大致相等的两份，取出其中一份，称出其质量(精确至1g)，继续筛分。计算该粒级及以下各粒级的分计筛余量时，应根据缩分比例进行修正。

2. 注意事项

(1) 试样必须烘干至恒量,恒量是指试样在烘干 1~3h 的情况下,其前后质量之差不大于该项试验所要求的称量精度。

(2) 试验前应检查筛孔是否畅通,若阻塞应清除。

(3) 试验过程中防止颗粒遗漏。

7.5 试验结果处理

(1) 计算分计筛余百分率:各号筛的筛余量与试样总量之比,精确至 0.1%。

(2) 计算累计筛余百分率:该号筛的筛余百分率加上该号筛以上各筛余百分率之和,精确至 0.1%;累计筛余百分率取两次试验结果的算术平均值,精确至 1%。

(3) 按式(3-7)计算细度模数(M_x),细度模数取两次试验结果的算术平均值,精确至 0.1,如两次试验的细度模数之差超过 0.2,须重新试验。

$$M_x = \frac{(A_2 + A_3 + A_4 + A_5 + A_6) - 5A_1}{100 - A_1} \quad (3-7)$$

式中　　　　　　　　M_x——细度模数;

A_1、A_2、A_3、A_4、A_5、A_6——分别是孔径为 4.75mm、2.36mm、1.18mm、600μm、300μm、150μm 筛的累计筛余百分率。

根据计算得到的累计筛余百分率按标准要求的级配区判定级配是否符合标准要求,若不符合标准要求,应双倍取样复检,复检符合标准要求,判定该类砂合格,若复检的不符合标准要求,判定该类砂不合格,据细度模数 M_x 的大小,按标准确定砂的规格。

工作任务 8　填写砂检测试验的原始记录

原始记录见本书附录《建筑材料检测试验报告书》。

工作任务 9　填写砂检测试验报告

检测报告见本书附录《建筑材料检测试验报告书》。

项目 4

石子的检测试验

工作任务 1 取 样

卵石和碎石取样应按批进行。GB/T 14685—2001 规定：按同品种、规格、适用等级及日产量每 600t 为一批，不足 600t 亦为一批，日产量超过 2 000t，按 1 000t 为一批，不足 1 000t 亦为一批。日产量超过 5 000t，按 2 000t 为一批，不足 2 000t 亦为一批。

取样方法按 GB/T 14685—2001 有关规定执行：

(1) 在料堆上取样时，取样部位应均匀分布。取样前先将取样部位表层铲除，然后从不同部位抽取大致等量的石子 15 份(在料堆的顶部、中部和底部均匀分布的 15 个不同部位取得)组成一组样品。

(2) 从皮带运输机上取样时，应用接料器在皮带运输机机尾的出料处定时抽取等量的石子 8 份，组成一组样品。

(3) 从火车、汽车、货船上取样时，从不同部位和深度抽取大致等量的石子 16 份，组成一组样品。

(4) 每组样品的取样数量，对单项试验不少于规定的最少取样数量；对于多项试验，若确能保证试样经一项试验后不致影响另一项试验结果，可用同一试样进行几项不同的试验。

(5) 每组试样取样后，应将所取样品置于平板上，在自然状态下拌和均匀，并堆成堆体；然后沿互相垂直的两条直径把堆体分成大致相等的 4 份，取其中对角线的两份重新拌匀，再堆成堆体。重复上述过程，直至把样品缩分到试验所需量为止。

(6) 堆积密度检验所用试样可不经缩分，在拌匀后直接进行试验。

工作任务 2　确定检测依据

《建筑用卵石、碎石》(GB/T 14685—2001)。

工作任务 3　石子表观密度检验

3.1　检测试验的目的

通过表观密度测定，判断是否符合标准要求，为计算试样孔隙率及混凝土配合比设计提供依据。

3.2　检验标准及主要质量指标检验方法标准

《建筑用卵石、碎石》(GB/T 14685—2001)。

GB/T 14685—2001 规定：卵石或碎石的表观密度应大于 2 500kg/m³。

3.3　主要仪器设备

(1) 鼓风烘箱：能使温度控制在(105±5)℃。

(2) 台秤：称量 5kg，感量 5g；其型号及尺寸应能允许在臂上悬挂盛试样的吊篮，并能将吊篮放在水中称量。

(3) 吊篮：直径和高度均为 150mm，由孔径为 1~2mm 的筛网或钻有 2~3mm 孔洞的耐锈蚀金属板制成。

(4) 方孔筛：孔径为 4.75mm 的筛一只。

(5) 天平：称量 2kg，感量 1g。

(6) 广口瓶：1 000mL，磨口，带玻璃片。

(7) 盛水容器：有溢流孔。

(8) 温度计、搪瓷盘、毛巾等。

3.4　试验步骤及注意事项

1. 液体比重天平法

1) 试验步骤

(1) 按规定取样，并缩分至略大于表 4-1 规定的数量，风干后筛除小于 4.75mm 的颗粒，然后洗刷干净，分为大致相等的两份备用。

表 4-1　表观密度试验所需试样数量

最大粒径/mm	小于26.5	31.5	37.5	63.0	75.0
最少试样质量/kg	2.0	3.0	4.0	6.0	6.0

(2) 取试样一份装入吊篮，并浸入盛水的容器中，液面至少高出试样表面 50mm。浸水

24h后,移放到称量用的盛水容器中,并用上下升降吊篮的方法排除气泡(试样不得露出水面)。吊篮每升降一次约1s,升降高度为30~50mm。

(3) 测定水温后(此时吊篮应全浸在水中),准确称出吊篮及试样在水中的质量G_1,精确至5g,称量时盛水容器中水面的高度由容器的溢流孔控制。

(4) 提起吊篮,将试样倒入浅盘,放在烘箱中于(105±5)℃下烘干至恒量,冷却至室温后,称出质量G_0,精确至5g。

(5) 称出吊篮在同样温度的水中的质量G_2,精确至5g,称量时盛水容器中水面的高度仍由容器的溢流孔控制。

2) 注意事项

(1) 测定吊篮在水中的质量G_2,吊篮及试样在水中的质量G_1时,水温控制必须相同。

(2) 试验时各项称量可以在15~25℃范围内进行,但从试样加水静止的2h起至试验结束,其温度变化不应超过2℃。

2. 广口瓶法

1) 试验步骤

(1) 按规定取样,并缩分至略大于表4-1规定的数量,风干后筛除小于4.75mm的颗粒,然后洗刷干净,分为大致相等的两份备用。

(2) 将试样浸水饱和,然后装入广口瓶中。装试样时,广口瓶应倾斜放置,注入饮用水,用玻璃片覆盖瓶口。以上下左右摇晃的方法排除气泡,气泡排尽后,向瓶中添加饮用水,直至水面凸出瓶口边缘。然后用玻璃片沿瓶口迅速滑行,使其紧贴瓶口水面。擦干瓶外水分后,称出试样、水、瓶和玻璃片总质量G_1,精确至1g。

(3) 将瓶中试样倒入浅盘,放在烘箱中于(105±5)℃下烘干至恒量,冷却至室温后,称出质量G_0,精确至1g。

(4) 将瓶洗净并重新注入饮用水,用玻璃片紧贴瓶口水面,擦干瓶外水分后,称出水、瓶和玻璃片总质量G_2,精确至1g。

2) 注意事项

(1) 本方法不宜用于测定最大粒径大于37.5mm的碎石或卵石的表观密度。

(2) 试验时各项称量可以在15~25℃范围内进行,但从试样加水静止的2h起至试验结束,其温度变化不应超过2℃。

3.5 试验结果处理

1. 液体比重天平法

1) 试验数据计算

表观密度按式(4-1)计算,精确至10kg/m³:

$$\rho_0 = \left(\frac{G_0}{G_0 + G_2 - G_1}\right) \times \rho_水 \tag{4-1}$$

式中 ρ_0——密度,kg/m³;
G_0——烘干后试样的质量,g;
G_1——吊篮及试样在水中的质量,g;

G_2——吊篮在水中的质量，g；

$\rho_水$——水的密度，1 000kg/m³。

2) 试验结果评定

表观密度取两次试验结果的算术平均值，两次试验结果之差大于20kg/m³，须重新试验。对颗粒材质不均匀的试样，如两次试验结果之差超过20kg/m³，可取4次试验结果的算术平均值。

2. 广口瓶法

1) 试验数据计算

表观密度按式(4-2)计算，精确至10kg/m³：

$$\rho_0 = \left(\frac{G_0}{G_0 + G_2 - G_1}\right) \times \rho_水 \tag{4-2}$$

式中　ρ_0——表观密度，kg/m³；

G_0——烘干后试样的质量，g；

G_1——试样、水、瓶和玻璃片的总质量，g；

G_2——水、瓶和玻璃片的总质量，g；

$\rho_水$——水的密度，1 000kg/m³。

2) 试验结果评定

表观密度取两次试验结果的算术平均值，两次试验结果之差大于20kg/m³，须重新试验。对颗粒材质不均匀的试样，如两次试验结果之差超过20kg/m³，可取4次试验结果的算术平均值。

工作任务4　石子堆积密度检验

4.1　检测试验的目的

通过石子的堆积密度测定，判断是否符合标准要求，为计算试样孔隙率及混凝土配合比设计提供依据。

4.2　检验标准及主要质量指标检验方法标准

《建筑用卵石、碎石》(GB/T 14685—2001)。

GB/T 14685—2001规定：卵石或碎石的松散堆积密度应大于1 350kg/m³，孔隙率应小于47%。

4.3　主要仪器设备

(1) 台秤：称量10kg，感量10g，如图4.1所示；

(2) 磅秤：称量50kg或100kg，感量50g，如图4.2所示；

(3) 容量筒：容量筒规格见表4-2。

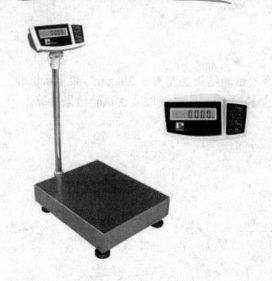
图 4.1 台秤

图 4.2 磅秤

表 4-2 容量筒的规格要求

最大粒径/mm	容量筒容积/L	容量筒规格		
		内径/mm	净高/mm	壁厚/mm
9.5、16.0、19.0、26.5	10	208	294	2
31.5、37.5	20	294	294	3
53.0、63.0、75.0	30	360	294	4

4.4 试验步骤及注意事项

1. 试验步骤

(1) 按规定取样，烘干或风干后，拌匀并把试样分为大致相等两份备用。

(2) 取试样一份，用小铲将试样从容量筒口中心上方 50mm 处徐徐倒入，让试样以自由落体落下，当容量筒上部试样呈锥体，且容量筒四周溢满时，即停止加料。除去凸出容量口表面的颗粒，并以合适的颗粒填入凹陷部分，使表面稍凸起部分和凹陷部分的体积大致相等，称出试样和容量筒总质量 G_1 和容量筒的质量 G_2。

2. 注意事项

(1) 试验过程应防止触动容量筒。
(2) 试验前应校正容量筒的体积。

4.5 试验结果处理

1. 试验数据计算

堆积密度按式(4-3)计算，精确至 $10kg/m^3$：

$$\rho_1 = \frac{G_1 - G_2}{V} \tag{4-3}$$

式中 ρ_1——堆积密度，kg/m³；
　　　G_1——容量筒和试样的总质量，g；
　　　G_2——容量筒质量，g；
　　　V——容量筒的容积，L。

孔隙率按式(4-4)计算，精确至1%：

$$P = \left(1 - \frac{\rho_1}{\rho_2}\right) \times 100 \tag{4-4}$$

式中 P——孔隙率，%；
　　　ρ_1——按式(4-2)计算的堆积密度，kg/m³；
　　　ρ_2——按式(4-1)计算的表观密度，kg/m³。

2．试验结果评定

堆积密度取两次试验结果的算术平均值，精确至10kg/m³。孔隙率取两次试验结果的算术平均值，精确至1%。

工作任务5　石子含泥量检验

5.1　检测试验的目的

通过石子含泥量测定，判断是否符合标准要求，以配制符合要求的混凝土。

5.2　检验标准及主要质量指标检验方法标准

《建筑用卵石、碎石》(GB/T 14685—2001)。

GB/T 14685—2001规定：卵石、碎石的含泥量应符合表4-3的规定。

表4-3　含泥量

项目	指标		
	Ⅰ类	Ⅱ类	Ⅲ类
含泥量(按质量计)/%	<0.5	<1.0	<1.5

5.3　主要仪器设备

(1) 鼓风烘箱：能使温度控制在(105±5)℃；

(2) 天平：称量10kg，感量1g；

(3) 方孔筛：孔径为75μm及1.18mm的筛各一只；

(4) 容器：要求淘洗试样时，保持试样不溅出；

(5) 搪瓷盘、毛巾等。

5.4 试验步骤及注意事项

1. 试验步骤

(1) 按规定取样,并将试样缩分至略大于表4-4规定的数量,放在烘箱中于(105±5)℃下烘干至恒量,待冷却至室温后,分为大致相等的两份备用。

表4-4 含泥量试验所需试样数量

最大粒径/mm	9.5	16.0	19.0	26.5	31.5	37.5	63.0	75.0
最少试样质量/kg	2.0	2.0	6.0	6.0	10.0	10.0	20.0	20.0

(2) 称取按表4-4规定数量的试样一份,其质量为 G_1,精确到1g。将试样放入淘洗容器中,注入清水,使水面高于试样上表面150mm,充分搅拌均匀后,浸泡2h,然后用手在水中淘洗试样,使尘屑、淤泥和黏土与石子颗粒分离,把浑水缓缓倒入1.18mm 及为75μm 的套筛上(1.18mm 筛放在为75μm 筛上面),滤去小于为75μm 的颗粒。试验前筛子的两面应先用水润湿。

(3) 再向容器中注入清水,重复上述操作,直至容器内的水目测清澈为止。

(4) 用水淋洗剩余在筛上的细粒,并将75μm 筛放在水中(使水面略高出筛中石子颗粒的上表面)来回摇动,以充分洗掉小于75μm 的颗粒,然后将两只筛上筛余的颗粒和清洗容器中已经洗净的试样一并倒入搪瓷盘中,置于烘箱中于(105±5)℃下烘干至恒量,待冷却至室温后,称出其质量 G_2,精确至1g。

2. 注意事项

(1) 恒量是指试样在烘干 1~3h 的情况下,其前后质量之差不大于该项试验所要求的称量精度。

(2) 在整个试验过程中应小心防止大于75μm 颗粒流失。

5.5 试验结果处理

1. 试验数据计算

含泥量按式(4-5)计算,精确至0.1%:

$$Q_a = \frac{G_1 - G_2}{G_1} \times 100 \qquad (4-5)$$

式中 Q_a——含泥量,%;
G_1——试验前烘干试样的质量,g;
G_2——试验后烘干试样的质量,g。

2. 试验结果评定

含泥量取两次试验结果的算术平均值,精确至0.1%。

工作任务 6　石子泥块含量检验

6.1　检测试验的目的

通过石子泥块含量测定,判断是否符合标准要求,以配制符合要求的混凝土。

6.2　检验标准及主要质量指标检验方法标准

《建筑用卵石、碎石》(GB/T 14685—2001)。

GB/T 14685—2001 规定:卵石、碎石的泥块含量应符合表 4-5 的规定。

表 4-5　泥块含量

项　目	指　标		
	Ⅰ类	Ⅱ类	Ⅲ类
泥块含量(按质量计)/(%)	0	<0.5	<0.7

6.3　主要仪器设备

(1) 鼓风烘箱:能使温度控制在(105±5)℃。

(2) 天秤:称量 10kg,感量 1g。

(3) 方孔筛:孔径为 2.36mm 及 4.75mm 的筛各一只。

(4) 容器:要求淘洗试样时,保持试样不溅出。

(5) 搪瓷盘,毛巾等。

6.4　试验步骤及注意事项

1. 试验步骤

(1) 按规定取样,并将试样缩分至略大于表 4-4 规定的数量,放在烘箱中于(105±5)℃下烘干至恒量,待冷却至室温后,筛除小于 4.75mm 的颗粒,分为大致相等的两份备用。

(2) 称取按表 4-4 规定数量的试样一份,其质量为 G_1,精确到 1g。将试样倒入淘洗容器中,注入清水,使水面高于试样上表面。充分搅拌均匀后,浸泡 24h。然后用手在水中碾碎泥块,再把试样放在 2.36mm 筛上,用水淘洗,直至容器内的水目测清澈为止。

(3) 保留下来的试样小心地从筛中取出,装入搪瓷盘后,放在烘箱中于(105±5)℃下烘干至恒量,待冷却至室温后,称出其质量 G_2,精确到 1g。

2. 注意事项

恒量是指试样在烘干 1~3h 的情况下,其前后质量之差不大于该项试验所要求的称量精度。

6.5　试验结果处理

1. 试验数据处理

泥块含量按式(4-6)计算,精确至 0.1%:

$$Q_b = \frac{G_1 - G_2}{G_1} \times 100 \qquad (4\text{-}6)$$

式中 Q_b——泥块含量，%；

G_1——4.75mm 筛余试验的质量，g；

G_2——试验后烘干试样的质量，g。

2. 试验结果评定

泥块含量取两次试验结果的算术平均值，精确至 0.1%。

工作任务 7　石子针片状颗粒含量

7.1　检测试验的目的

通过石子针片状颗粒含量测定，判断是否符合标准要求，以配制符合要求的混凝土。

7.2　检验标准及主要质量指标检验方法标准

《建筑用卵石、碎石》(GB/T 14685—2001)。

GB/T 14685—2001 规定：卵石、碎石的针片状颗粒含量应符合表 4-6 的规定。

表 4-6　针片状颗粒含量

项　目	指标		
	Ⅰ类	Ⅱ类	Ⅲ类
针片状颗粒(按质量计)/%	<5	<15	<25

7.3　主要仪器设备

(1) 针状规准仪与片状规准仪(如图 4.3 所示)。

(2) 台秤：称量 10kg，感量 1g。

(3) 方孔筛：孔径为 4.75mm，9.50mm，16.0mm，19.0mm，26.5mm，31.5mm 及 37.5mm 的筛各一个。

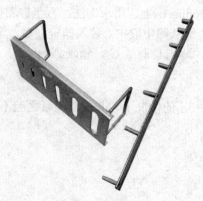

图 4.3　规准仪

7.4 试验步骤

(1) 按规定取样,并将试样缩分至略大于表 4-7 规定的数量,烘干或风干后备用。

表 4-7 针、片状颗粒含量试验所需试样数量

最大粒径/mm	9.5	16.0	19.0	26.5	31.5	37.5	63.0	75.0
最少试样质量/kg	0.3	1.0	2.0	3.0	5.0	10.0	10.0	10.0

(2) 称取按表 4-7 规定数量的试样各一份,精确到 1g。然后按表 4-8 规定的粒级进行筛分。

表 4-8 针、片状颗粒含量试验的粒级划分及其相应的规准仪孔宽或间距(单位:mm)

石子粒级	4.75~9.50	9.50~16.0	16.0~19.0	19.0~26.5	26.5~31.5	31.5~37.5
片状规准仪相对应孔宽	2.8	5.1	7.0	9.1	11.6	13.8
针状规准仪相对应间距	17.1	30.6	42.0	54.6	69.6	82.8

(3) 按表 4-8 规定的粒级分别用规准仪逐粒检验,凡颗粒长度大于针状规准仪上相应间距者,为针状颗粒,颗粒厚度小于片状规准仪上相应孔宽者,为片状颗粒,称出其总质量,精确到 1g。

(4) 石子粒径大于 37.5mm 的碎石或卵石可用卡尺检验针片状颗粒,卡尺卡口的设定宽度应符合表 4-9 的规定。

表 4-9 大于 37.5mm 颗粒针、片状颗粒含量试验的粒级划分及其相应的卡尺卡口设定宽度(单位:mm)

石子粒级	37.5~53.0	53.0~63.0	63.0~75.0	75.0~90.0
检验片状颗粒的卡尺卡口设定宽度	2.8	5.1	7.0	9.1
检验针状颗粒的卡尺卡口设定宽度	17.1	30.6	42.0	54.6

7.5 试验结果处理

针、片状颗粒含量按式(4-7)计算,精确至 1%:

$$Q_c = \frac{G_2}{G_1} \times 100 \tag{4-7}$$

式中 Q_c——针、片状颗粒含量,%;

G_1——试样的质量,g;

G_2——试样中所含针、片状颗粒的总质量,g。

工作任务 8 石子的筛分析试验

8.1 检测试验的目的

通过筛分析试验测定不同粒径骨料的含量比例,评定石子的颗粒级配状况,是否符合标准要求,为合理选择和使用粗骨料提供技术依据。

8.2 检验标准及主要质量指标检验方法标准

《建筑用卵石、碎石》(GB/T 14685—2001)。

GB/T 14685—2001 规定:卵石和碎石的颗粒级配应符合标准要求。

8.3 主要仪器设备

(1) 鼓风烘箱:能使温度控制在(105±5)℃。

(2) 台秤:称量 10kg,感量 1g。

(3) 方孔筛:孔径为 2.36mm、4.75mm、9.50mm、16.0mm、19.0mm、26.5mm、31.5mm、37.5mm、53.0mm、63.0mm、75.0mm 及 90.0mm 的筛各一只,并附有筛底和筛盖(筛框内径为 300mm)。

(4) 摇筛机(如图 4.4 所示)。

(5) 搪瓷盘、毛刷等。

图 4.4 摇筛机

8.4 试验步骤及注意事项

1. 试验步骤

(1) 按规定取样,并将试样缩分至略大于表 4-10 规定的数量,烘干或风干后备用。

表 4-10 颗粒级配试验所需试样数量

最大粒径/mm	9.5	16.0	19.0	26.5	31.5	37.5	63.0	75.0
最少试样质量/kg	1.9	3.2	3.8	5.0	6.3	7.5	12.6	16.0

(2) 称取按表 4-10 规定数量的试样一份，精确到 1g。将试样倒入按孔径大小从上到下组合的套筛(附筛底)上，然后进行筛分。

(3) 将套筛置于摇筛机上，摇 10min；取下套筛，按筛孔大小顺序再逐个用手筛，筛至每分钟通过量小于试样总量 0.1% 为止。通过的颗粒并入下一号筛中，并和下一号筛中的试样一起过筛，这样顺序进行，直至各号筛全都筛完为止。

(4) 称出各号筛的筛余量，精确至 1g。

2. 注意事项

当筛余颗粒的粒径大于 19.0mm 时，在筛分过程中，允许用手指拨动颗粒。

8.5 试验结果处理

1. 试验数据处理

(1) 计算分计筛余百分率：各号筛的筛余量与试样总质量之比，计算精确至 0.1%。

(2) 计算累计筛余百分率：该号筛的筛余百分率加上该号筛以上各分计筛余百分率之和，精确至 1%。筛分后，如每号筛的筛余量与筛底的筛余量之和同原试样质量之差超过 1% 时，须重新试验。

2. 试验结果评定

根据各号筛的累计筛余百分率，评定该试样的颗粒级配。

工作任务 9　填写石子检测试验的原始记录

原始记录表见本书附录《建筑材料检测试验报告书》。

工作任务 10　填写石子检测试验报告

检测报告表见本书附录《建筑材料检测试验报告书》。

项目 5 钢筋的检测试验

工作任务 1 取 样

钢筋应按批进行检查和验收,每批由同一牌号、同一等级、同一截面尺寸、同一交货状态组成、同一进场时间和同一炉罐号的钢筋组成。每批重量不大于60t。超过60t的部分,每增加40t,增加一个拉伸试验试样和一个弯曲试验试样。

每批钢筋的检验项目,取样方法和试验方法应符合表5-1的规定。

表5-1 每批钢筋的检验项目和取样方法

序 号	检 验 项 目	取样数量	取 样 方 法
1	化学成分 (熔炼分析)	1	GB/T 222
2	拉伸	2	任选两根钢筋切取
3	弯曲	2	任选两根钢筋切取
4	反向弯曲	1	
5	疲劳试验		供需双方协议
6	尺寸	逐支	
7	表面	逐支	
8	重量偏差		GB 1499.2—2007的8.4条

注:对化学分析和拉伸试验结果有争议时,仲裁试验分别按GB/T 223、GB/T 228进行。

工作任务 2　确定检测依据

(1)《钢及钢产品力学性能试验取样位置及试样制备》(GB/T 2975—1998)。
(2)《钢筋混凝土用钢　带肋钢筋》(GB 1499.2—2007)。
(3)《金属材料　室温拉伸试验方法》(GB/T 228—2002)。
(4)《金属材料　弯曲试验方法》(GB/T 232—1999)。

工作任务 3　钢筋拉伸试验

3.1　检测试验的目的

通过拉伸试验，注意观察拉力与变形之间的变化。确定应力与应变之间的关系曲线，测定低碳钢筋的屈服强度、抗拉强度与伸长率，评定钢筋的质量是否合格。

3.2　检验标准及主要质量指标检验方法标准

(1)《钢筋混凝土用钢带肋钢筋》(GB 1499.2—2007)。
(2)《金属材料室温拉伸试验方法》(GB/T 228—2002)。

《钢筋混凝土用钢带肋钢筋》(GB 1499.2—2007)规定：钢筋的力学性能特性值应符合表 5-2 的规定。

表 5-2　钢筋的力学性能特性值

牌　号	R_{eL}/MPa	R_m/MPa	A/%	A_{gt}/%
			不小于	
HRB335	335	455	17	7.5
HRB400	400	540	17	7.5
HRB500	500	630	16	7.5
RRB335	335	390	16	5.0
RRB400	400	460	16	5.0
RRB500	500	575	14	5.0

3.3　主要仪器设备

(1) 万能材料试验机：为保证机器安全和试验准确，其吨位选择最好是使试件达到最大荷载时，指针位于指示度盘第三象限内。试验机的测力示值误差不大于1%。如图 5.1 所示。
(2) 游标卡尺(精确度为 0.1mm)，如图 5.2 所示。

图 5.1 万能材料试验机

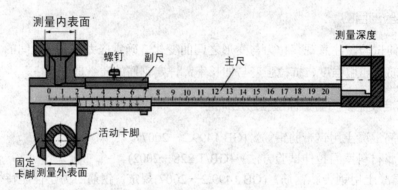

图 5.2 游标卡尺

3.4 试验步骤及注意事项

1. 试验步骤

1) 试件制作和准备

拉伸试验用钢筋试件不得进行车削加工,可以用两个或一系列等分小冲击点或细划线标出原始标距(标记不应影响试样断裂),测量标距长度 L_0(精确至 0.1mm)。计算钢筋强度用横截面面积采用表 5-3 所列公称横截面面积。

表 5-3 钢筋的公称横截面面积

公称直径/mm	公称横截面面积/mm²	公称直径/mm	公称横截面面积/mm²
8	50.27	22	380.1
10	78.54	25	490.9
12	113.1	28	615.8
14	153.9	32	804.2
16	201.1	36	1018
18	254.5	40	1257
20	314.2	50	1964

2) 屈服强度和抗拉强度的测定

(1) 调整试验机测力盘的指针,使对准零点,并拨动副指针,使与主指针重叠。

(2) 将试件固定在试验机夹头内。开动试验机进行拉伸,拉伸速度为:屈服前,应力增加速度按表5-4规定,并保持试验机控制器固定于这一速率位置上,直至该性能测出为止;屈服后或只需测定抗拉强度时,试验机活动夹头在荷载下的移动速度不大于0.5LC/min。

表 5-4 屈服前的加荷速率

金属材料的弹性模量/MPa	应力速率/(N/mm²·s⁻¹)	
	最小	最大
<150 000	1	10
≥150 000	3	30

(3) 拉伸中,测力度盘的指针停止转动时的恒定荷载,或第一次回转时的最小荷载,即为所求的屈服点荷载(F_S)。

(4) 向试件连续施荷直至拉断,由测力度盘读出最大荷载 F_b(N),即抗拉强度的负荷。

3) 伸长率的测定

(1) 将已拉断试件的两端在断裂处对齐,尽量使其轴线位于一条直线上。如拉断处由于各种原因形成缝隙,则此缝隙应计入试件拉断后的标距部分长度内。

(2) 如拉断处到邻近的标距端点的距离大于 $1/3(L_0)$,可按下述移位法确定(L_1):在长段上,从拉断处取基本等于短段格数。

2. 注意事项

(1) 试件应对准夹头的中心,试件轴线应绝对垂直。

(2) 试件标距部分不得夹入钳口中,试件被夹长部分不小于钳口的 2/3。

(3) 如试件在标距端点上或标距处断裂,则试验结果无效,应重做试验。

3.5 试验结果处理

1. 屈服点 σ_s

按式(5-1)计算:

$$\sigma_s = \frac{F_s}{A} \tag{5-1}$$

式中 σ_s——屈服点(屈服强度),MPa;

F_s——屈服点荷载,N;

A——试件的公称横截面面积,mm²。

当 σ_s>1 000MPa 时,应计算至 10MPa;σ_s 为 200~1 000MPa 时,计算至 5MPa;σ_s≤200时,计算至 1MPa。

2. 抗拉强度 σ_b

按式(5-2)计算:

$$\sigma_b = \frac{F_b}{A} \tag{5-2}$$

式中　σ_b——抗拉强度，MPa；
　　　F_b——最大荷载，N；
　　　A——试件的公称横截面面积，mm^2。

σ_b计算精度的要求同σ_s。

3. 伸长率δ_{10}(或δ_5)

按式(5-3)计算(精确至1%)：

$$\delta_{10}(或\delta_5) = \frac{L_1 - L_0}{L_0} \times 100\% \qquad (5-3)$$

式中　δ_{10}、δ_5——分别表示$L_0 = 10d$或$L_0 = 5d$时的伸长率；
　　　L_0——原标距长度$10d$或$5d$，mm；
　　　L_1——试件拉断后直接量出或按移位法确定的标距部分长度(精确至0.1mm)，mm。

工作任务4　钢筋的冷弯试验

4.1　检测试验的目的

通过冷弯试验判定钢筋的冷弯是否符合标准要求，作为评定钢筋质量的技术依据。

4.2　检验标准及主要质量指标检验方法标准

(1)《钢筋混凝土用钢　带肋钢筋》(GB 1499.2—2007)。
(2)《金属材料　弯曲试验方法》(GB/T 232—1999)。
GB/T 232—1999规定：无裂纹、起皮、裂缝或断裂，则评定试样合格。

4.3　主要仪器设备

(1) 压力机或万能试验机。
(2) 具有不同直径的弯心，其宽度应大于试件的直径和宽度。
(3) 具有足够硬度的支承辊，其长度应大于试件的直径和宽度，支承辊间的距离可以调节。

4.4　试验步骤及注意事项

1. 试验步骤

1) 检查试件尺寸是否合格

试件长度(L)通常按式(5-4)确定：

$$L \approx 5a + 150 \qquad (5-4)$$

式中　a——试件原始直径，mm。

2) 半导向弯曲

试样一端固定，绕弯心直径进行弯曲。试样弯曲到规定的弯曲角度或出现裂纹、裂缝或断裂为止。

3) 导向弯曲

试样放置于两个支点上,将一定直径的弯心在试样两个支点中间施加压力,弯曲程度可分以下三种情况:

(1) 使试样弯曲到规定的角度。

(2) 使试样弯曲至两臂平等时,可一次完成试验,亦可先弯曲到规定角度,然后放置在试验机平板之间继续施加压力,压至试样两臂平行。

(3) 使试样需要弯曲至两臂接触时,首先将试样弯曲到规定角度,然后放置在试验机平板之间继续施加压力,直至两臂接触。

2. 注意事项

(1) 试验应在平稳压力作用下,缓慢施加试验压力。两支辊间距离为$(d+2.5a)\pm0.5a$,并且在试验过程中不允许有变化。

(2) 试验应在 10~35℃或控制条件下 23±5℃进行。

(3) 钢筋冷弯试件不得进行车削加工。

4.5 试验结果判断

弯曲后,按有关标准规定检查试样弯曲外面,进行结果评定。若无裂纹、起皮、裂缝或断裂,则评定为试样合格。

工作任务5 填写钢筋检测试验的原始记录表

原始记录表见本书附录《建筑材料检测试验报告书》。

工作任务6 钢筋检测试验报告

检测报告表见本书附录《建筑材料检测试验报告书》。

项目 6

砌墙砖检测试验

工作任务 1 取　样

每一生产厂家的砖到现场后,按规定要求 3.5 万～15 万块为一个验收批,但不得超过一条生产线的日产量。不足 3.5 万块为一个验收批。每验收批抽样数量为一组。

检验分出厂检验和形式检验。出厂检验项目有外观质量、尺寸偏差、强度等级。形式检验项目为标准要求的全部项目(外观质量、尺寸偏差、强度等级、抗风化性能、石灰爆裂和泛霜)。

外观质量检验试样采用随机抽样法,在每验收批的产品堆垛中抽取 50 块,尺寸偏差、强度等级检验试样采用随机抽样法从外观质量检验后的样品中分别抽取 20 块和 10 块。

工作任务 2 确定检测依据

(1)《烧结普通砖》(GB 5101—2003)。
(2)《砌墙砖试验方法》(GB/T 2542—2003)。

工作任务 3 外观质量检验

3.1 检测试验目的

通过对烧结普通砖外观质量的测量、检查,评定其质量等级。

3.2 检验标准及主要质量指标检验方法标准

(1)《烧结普通砖》(GB 5101—2003)。
(2)《砌墙砖试验方法》(GB/T 2542—2003)。

3.3 主要仪器设备

(1) 砖用卡尺(分度值为 0.5mm)，如图 6.1 所示。
(2) 金属直尺(分度值 1mm)。

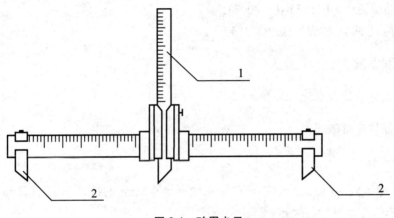

图 6.1　砖用卡尺

1—垂直尺；2—支脚

3.4 试验步骤要点及注意事项

(1) 缺损：缺棱掉角在砖上造成的破损程度，以破损部分对长、宽、高三个棱边的投影尺寸来度量，称为破坏尺寸。

缺损造成的破坏面，系指缺损部分对条、顶面的投影面积。

(2) 裂纹：裂纹分为长度方向、宽度方向和水平方向三种，以被测方向的投影长度表示。如果裂纹从一个面延伸至其他面时，则累计其延伸的投影长度。

裂纹长度以三个方向上分别测得的最长裂纹作为测量结果。

(3) 弯曲：弯曲分别在大面和条面上测量，测量时将砖用卡尺的两支脚沿棱边两端放置，择其弯曲最大处将垂直尺推至砖面，但不应将因杂质或碰伤造成的凹处计算在内。

(4) 杂质凸出高度：杂质在砖瓦上造成的凸出高度，以杂质距砖面的最大距离表示。测量时将砖用卡尺的两支脚置于凸出两边的砖平面上，以垂直尺测量。

3.5 试验结果处理

外观测量以 mm 为单位，不足 1mm 者，按 1mm 计。
依据测量结果按 GB 5101—2003 规定对照检查和评定。

工作任务4 尺 寸 偏 差

4.1 检测试验目的

通过对烧结普通砖外观尺寸的测量、检查，评定其质量等级。

4.2 检验标准及主要质量指标检验方法标准

(1)《烧结普通砖》(GB 5101—2003)。

(2)《砌墙砖试验方法》(GB/T 2542—2003)。

4.3 主要仪器设备

砖用卡尺(分度值为 0.5mm)。

4.4 试验步骤及注意事项

1. 试验步骤

(1) 检验样品数 20 块，其中每一尺寸测量不足 0.5mm 的按 0.5mm 计，每一方向尺寸以两个测量值的算术平均值表示。

(2) 长度应在砖的两个大面的中间处分别测量两个尺寸；宽度应在砖的两个大面的中间处分别测量两个尺寸；高度应在两个条面的中间处分别测量两个尺寸。

2. 注意事项

当被测处有缺陷或凸出时，可在其旁边测量，但应选择不利的一面。

4.5 试验结果处理

结果分别以长度、宽度和高度的最大偏差值表示，不足 1mm 者，按 1mm 计。
依据测量结果按(GB 5101—2003)规定对照检查和评定。

工作任务5　烧结普通砖强度试验

5.1 检测试验的目的

通过测定烧结普通砖的抗压强度，以检验材料质量，为确定强度等级提供依据。

5.2 检验标准及主要质量指标检验方法标准

(1)《烧结普通砖》(GB 5101—2003)。

(2)《砌墙砖试验方法》(GB/T 2542—2003)。

5.3 主要仪器设备

(1) 压力机(300~500kN)，如图 6.2 所示。

(2) 锯砖机或切砖机(如图 6.3 所示)、金属直尺、抹刀等。

图 6.2 压力机

图 6.3 切砖机

5.4 试验步骤及注意事项

1. 试验步骤

(1) 将试样切断或据成两个半截砖，断开的半截砖长不得小于 100mm。如果不足 100mm，应另取备用试件补足。

(2) 在试件制备平台上，将已断开的半截砖放入室温的净水中浸泡 10～20min 后取出，并以断口相反方向叠放，两者中间以厚度不超过 5mm 的用强度等级为 32.5 或 42.5 的普通硅酸盐水泥调制的稠度适宜的水泥净浆来黏结，上下两面用厚度不超过 3mm 的同种水泥浆抹平。制成的试件上下两面须相互平行，并垂直于侧面。

(3) 制成的抹面试件应置于不低于 10℃的不通风室内养护 3d，再进行试验。

(4) 测量每个试件连接面或受压面的长 L(mm)、宽 b(mm)尺寸各两个，分别取其平均值，精确至 1mm。

(5) 将试件平放在加压板的中央，垂直于受压加荷，加荷应均匀平稳，不得发生冲击和振动。加荷速度以 5±0.5kN/s 为宜，直至试件破坏为止，记录最大破坏荷载 P(N)。

2. 注意事项

烧结普通砖试件数量为 10 块，加荷速度为 5±0.5kN/s。

5.5 试验结果处理

1. 试验数据处理

每块试件的抗压强度 f_{cui} 按式(6-1)计算(精确至 0.1MPa)：

$$f_{cui} = \frac{P}{Lb} \qquad (6-1)$$

强度变异系数 δ 按式(6-2)计算：

$$\delta = \frac{S}{f_{cu}} \qquad (6-2)$$

标准差 S 按式(6-3)计算：

$$S = \sqrt{\frac{1}{9}\sum(f_{cui}^2 - \overline{f}_{cu}^2)} \qquad (6-3)$$

式中　$\overline{f}_{cu}$——10 块砖样抗压强度算术平均值，MPa；

　　　f_{cui}——单块砖样抗压强度的测定值，MPa；

　　　S——10 块砖样的抗压强度标准差，MPa。

2. 强度等级评定方法

1) 平均值——标准值方法评定

变异系数 $\delta \leq 0.21$ 时，按抗压强度平均值 $\overline{f}_{cu}$、强度标准值 f_k 指标评定砖的强度等级。样本量 $n=10$ 时的强度标准值按式(6-4)计算(精确至 0.1MPa)：

$$f_k = \overline{f}_{cu} - 1.8S \qquad (6-4)$$

2) 平均值——最小值方法评定

变异系数 $\delta > 0.21$ 时，按抗压强度平均值 $\overline{f}_{cu}$、单块最小抗压强度值 f_{min} 评定砖的强度等级。

工作任务 6　填写烧结普通砖检测试验的原始记录表

原始记录表见本书附录《建筑材料检测试验报告书》。

工作任务 7　填写烧结普通砖检测试验报告

检测报告表见本书附录《建筑材料检测试验报告书》。

项目 7

普通混凝土检测试验

工作任务 1 取 样

(1) 同一组混凝土拌合物的取样应从同一盘混凝土或者同一车运送的混凝土中取出。取样量应多于试验所需量的 1.5 倍,且不宜小于 20L。

(2) 混凝土拌合物的取样应具有代表性,宜采用多次采样的方法。一般在同一盘混凝土或同一车混凝土中的约 1/4 处、1/2 处和 3/4 处之间分别取样,从第一取样至最后一次取样不宜超过 15min,然后人工搅拌均匀。

(3) 从取样完毕至开始做各项性能试验不宜超过 5min。

(4) 混凝土工程施工中取样进行混凝土试验时,取样方法和原则应按《混凝土结构工程施工质量验收规范》(GB 50204—2002)及《普通混凝土拌合物性能试验方法标准》(GB/T 50080—2002)有关规定进行。混凝土试样应在混凝土浇筑地点随机抽取,取样频率应符合如下要求:

① 每拌制 100 盘,且不超过 $100m^3$ 的同配合比的混凝土,取样次数不得少于 1 次。

② 每一工作班拌制的同配合比的混凝土不足 100 盘时,其取样次数不得少于 1 次。

③ 一次浇筑 $1000m^3$ 以上同配合比的混凝土,每 $200m^3$ 取样次数不得少于 1 次。

④ 每一楼层,同配合比的混凝土,取样次数不得少于 1 次。

⑤ 每一次取样应至少留置一组标准养护试件,同条件养护试件的留置组数应根据实际需要确定。

工作任务 2　确定检测依据

(1)《混凝土结构工程施工质量验收规范》(GB 50204—2002)。
(2)《普通混凝土拌合物性能试验方法标准》(GB/T 50080—2002)。
(3)《普通混凝土配合比设计规程》(JGJ 55—2000)。
(4)《普通混凝土力学性能试验方法标准》(GB/T 50081—2002)。

工作任务 3　混凝土拌合物稠度试验(坍落度法)

3.1　检测试验目的

通过稠度试验，测定出流动性指标，并判断保水性和粘聚性是否满足要求。

3.2　检验标准及主要质量指标检验方法标准

《普通混凝土拌合物性能试验方法标准》(GB/T 50080—2002)。

通过测定混凝土拌合物在自重作用下自由坍落的程度及外观现象(泌水、离析等)，评定混凝土的和易性(流动性、保水性、粘聚性)是否满足施工要求。

本方法适用于测定骨料最大粒径不大于 40mm、坍落度值不小于 10mm 的混凝土拌合物的稠度测定。

3.3　主要仪器设备

(1) 坍落度筒(如图 7.1 所示)。
(2) 插捣棒、卡尺。
(3) 拌和用刚性不吸水平板：尺寸不宜小于 1.5m×2m。

图 7.1　坍落度筒

3.4 试验步骤及注意事项

1. 试验步骤

(1) 湿润坍落度筒及各种拌和用具，并把坍落筒放在拌和用平板上。

(2) 按要求取得试样后，分三层均匀装入筒内，捣实后每层高约为筒高的1/3，每层用捣棒插捣25次，在整个截面上由外向中心均匀插捣，捣棒应插透本层，并与下层接触。

(3) 顶层插捣完毕，刮去多余混凝土后抹平。

(4) 清除筒周边混凝土，垂直平稳提起坍落度筒，提离过程应在5~10s内完成。从开始装料到提起坍落度筒的整个过程，应不间断进行，并应在150s完成。

(5) 提出坍落筒后，立即量测筒高与坍落后混凝土试体最高点之间的高度差，即为该拌合物的坍落度。

(6) 当坍落度筒提离后，如混凝土发生崩坍或一边剪坏现象，则应重新取样另行测定。如第二次试验仍出现上述现象，则表示该混凝土拌合物和易性不好，应予记录备查。

观察坍落后的混凝土试体的粘聚性和保水性。粘聚性的检查方法是用捣棒在已坍落的混凝土锥体侧面轻轻敲打，此时，如果锥体逐渐下沉，则表示粘聚性良好；如果锥体倒塌、部分崩裂或出现离析现象，则表示粘聚性不好。

保水性以混凝土拌合物中稀浆析出的程度来评定。坍落度筒提起后如有较多的稀浆从底部析出，锥体部分的混凝土也因失浆而骨料外露，则表明此混凝土拌合物的保水性能不好。如坍落度筒提起后无稀浆或仅有少量稀浆自底部析出，则表示此混凝土拌合物保水性良好。

(7) 当混凝土拌合物坍落度大于220mm时，用金属直尺测量混凝土扩展后最终的最大直径和最小直径，在两个直径差小于50mm条件下，以算术平均值作为坍落度扩展度值。否则，试验无效。

2. 注意事项

(1) 装料时，应使坍落度筒固定在拌和平板上，保持位置不动。

(2) 坍落度筒提升时避免左右摇摆。

(3) 在试验过程中密切观察混凝土的外观状态。

3.5 试验结果处理

坍落度值和扩展度值以mm为单位，精确至1mm，修约至5mm。

工作任务4 混凝土拌合物湿表观密度测定

4.1 测定目的

测定混凝土拌合物捣实后的单位体积重量，为试验室混凝土配合比设计提供数据。

4.2 依据标准

《普通混凝土拌合物性能试验方法标准》(GB/T 50080—2002)。

4.3 主要试验仪器

(1) 容量筒：金属制成的圆筒，两旁装有手把。对骨料最大粒径不大于 40mm 的拌合物采用容积为 5L 的容量筒，其内径与筒高均为(186±2)mm，筒壁厚为 3mm；骨料最大粒径大于 40mm 时，容量筒的内径与筒高均应大于骨料最大粒径的 4 倍。容量筒上缘及内壁应光滑平整，顶面与底面应平行并与圆柱体的轴垂直。

(2) 台秤：称量 50kg，感量 50g。

(3) 振动台：频率应为(50±3)Hz，空载时的振幅应(0.5±0.1)mm，如图 7.2 所示。

(4) 捣棒：直径 16mm、长 600mm 的钢棒，端部磨圆。

(5) 小铲、抹刀、刮尺等。

图 7.2　振动台

4.4 试验步骤及注意事项

1. 试验步骤

(1) 用湿布把容量筒内外擦干净称出重量(W_1)，精确至 50g。

(2) 混凝土的装料及捣实方法应视拌合物的稠度而定。一般来说，为使所测混凝土密实状态更接近于实际状况，对于坍落度不大于 70mm 的混凝土，宜用振动台振实，大于 70mm 的混凝土用捣棒捣实。采用捣棒捣实时，应根据容量筒的大小决定分层与插捣次数：用 5L 容量筒时，混凝土拌合物应分两层装入，每层的插捣次数应为 25 次；用大于 5L 的容量筒时，每层混凝土的高度不应大于 100mm，每层插捣次数应按每 10 000m² 截面不小于 12 次计算。各次插捣应由边缘向中心均匀地插捣，插捣底层时捣棒应贯穿整个深度，插捣第二层时，捣棒应插透本层至下一层的表面；每一层捣完后用橡胶锤轻轻沿容器外壁敲打 5~10 次，进行振实，直至拌合物表面插捣孔消失并不见大气泡为止。

采用振动台振实时，应一次将混凝土拌合物灌满到稍高出容量筒口。装料时允许用捣棒稍加插捣，振捣过程中如混凝土高度沉落到低于筒口，则应随时添加混凝土。振动直至表面出浆为止。

(3) 用刮尺将筒口多余的混凝土拌合物刮去，表面如有凹陷应予填平。将容量筒外壁擦净，称出混凝土与容量筒总重(W_2)，精确至 50g。

2. 注意事项

(1) 容量筒容积应经常予以校正。

(2) 混凝土拌合物湿表观密度也可以利用制备混凝土抗压强度试件时进行,称量试模及试模与混凝土拌合物总重量(精确至 0.1kg),试模容积,以一组三个试件表观密度的平均值作为混凝土拌合物表观密度。

4.5 试验结果处理

混凝土拌合物表观密度 γ_h 按式(7-1)计算(精确至 $10kg/m^3$):

$$\gamma_h = \frac{W_1 - W_2}{V} \times 1\,000 \tag{7-1}$$

式中 W_1——容量筒质量,kg;

W_2——容量筒及试样总质量,kg;

V——容量筒容积,L。

工作任务 5 混凝土立方体抗压强度试验

5.1 试验目的

通过测定混凝土立方体的抗压强度,确定、校核混凝土配合比,确定混凝土强度等级,并为控制施工质量提供依据。

5.2 依据标准

《普通混凝土力学性能试验方法标准》(GB/T 50081—2002)。

5.3 主要试验仪器

(1) 试模:由铸铁或钢制成,应具有足够的刚度并便于拆。试模内表面应蚀光,其平面度应不大于试件边长的 0.05%。组装后各相邻面的垂直度应不超过±1°。

(2) 捣实设备。可选用下列三种之一:

① 振动台:试验用振动频率应为(50±3)Hz,空载时的振幅应约为 0.5mm。

② 振动棒:直径 30mm 高频振动棒。

③ 钢制捣棒:直径 16mm、长 600mm 的钢棒,一端为弹头形。

(3) 压力试验机:精度至少应为±1%,其量程应能使试件的预期破坏荷载值不小于全量程的 20%,也不大于全量程的 80%;试验机上、下压板及试件之间可各垫以钢垫板,钢垫板的 2 个承压面均应机械加工;与试件接触的压板或垫板的尺寸应不大于试件的承压面,其平面度应为每 100mm 不超过 0.02mm。

(4) 混凝土标准养护室。温度应控制在 20±2℃,相对湿度为 95%以上。

5.4 试验步骤及注意事项

1. 试验步骤

1) 试件成型

(1) 在制作试件前,检查试模,拧紧螺栓并清刷干净。在其内壁涂上一薄层矿物油脂。

(2) 室内混凝土的拌和按标准要求进行拌和。

(3) 振捣成型:采用振动台成型时,应将混凝土拌合物一次装入试模,装料时应用抹刀沿试模内壁插捣,并使混凝土拌合物高出试模上口。振动时应防止试模在振动台上自由跳动。振动应持续到混凝土表面出浆为止,刮除多余的混凝土,并用抹刀抹平。

(4) 试件成型后,在混凝土初凝前1~2h需进行抹面,要求沿模口抹平,进行编号。

2) 试件养护

(1) 养护方法:

根据试验目的不同,试件可采用标准养护或与构件同条件养护。

确定混凝土特征值、强度等级或进行材料性能研究时应采用标准养护;检验现浇混凝土工程或预制构件中混凝土强度时,试件应采用同条件养护。

试件一般养护龄期为28d进行试验。但也可以按要求(如需确定拆模、起吊、施加预应力或承受施工荷载等时的力学性能)养护到所需的龄期。

(2) 养护条件:

标准养护的试件:采用标准养护的试件成型后应覆盖表面,以防止水分蒸发,并应温度为20℃±5℃情况下静置1~2d(但不得超过2d),然后编号拆模。拆模后的试件应立即放在温度为20℃±2℃,相对湿度为95%以上的标准养护室中养护。在标准养护室内试件应放在架上,彼此间隔为10~20mm,并应避免用水直接冲淋试件。标准养护龄期为28d(从搅拌加水开始计时)。

同条件养护的试件:采用同条件养护的试件成型后应覆盖表面。试件的拆模时间可与实际构件的拆模时间相同,拆模后,试件仍需保持同条件养护。

3) 混凝土立方体抗压强度测定

试件从养护地点取出后,应尽快进行试验,以免试件内部的温湿度发生显著变化。

先将试件擦拭干净,测量尺寸,并检查外观。试件尺寸测量精确至1mm,并据此计算试件的承压面积。如实测尺寸与公称尺寸之差不超过1mm,可按公称尺寸进行计算。试件承压面的平面度应为每100mm不超过0.05mm,承压面与相邻面的垂直度不应超过±1°。

将试件安放在试验机的下压板上,试件的承压面应与成型时的顶面垂直。试件的中心应与试验机下压板中心对准。开动试验机,当上板与试件接近时,调整球座,使接触均衡。

混凝土试件的试验应连续而均匀地加荷,混凝土强度等级低于C30时,其加荷速度为0.3~0.5MPa/s;若混凝土强度等级≥C30且<C60时,则为0.5~0.8MPa/s;若混凝土强度等级≥C60时,则为0.8~1.0MPa/s。当试件接近破坏而开始迅速变形时,停止调整试验机油门,直到试件破坏。然后记录破坏荷载。

2. 注意事项

(1) 混凝土立方体抗压强度试验一般以3个试件为1组。每一组试件所用的拌和物应从同盘或同一车运送的混凝土中取出，或在试验室用机械或人工单独拌制用以检验现浇混凝土工程或预制构件质量，试件分组及取样原则，应按现行《混凝土结构工程施工质量验收规范》(GB/T 50204—2002)及其他有关规定执行。

(2) 所有试件应在取样后立即制作。确定混凝土设计特征值、标号或进行材料性能研究时，试件的成型方法应视混凝土设备条件、现场施工方法和混凝土的稠度而定。坍落度不大于 70mm 的混凝土，宜用振动台振实；大于 70mm 的宜用捣棒人工捣实。检验工程和构件质量的混凝土试件成型方法应尽可能与实际施工采用的方法相同。

(3) 混凝土骨料的最大粒径应不大于试件最小边长的 1/3。

5.5 试验结果处理

1. 试验数据处理

混凝土立方体试件抗压强度按式(7-2)计算(精确至 0.1MPa)：

$$f_{cc} = \frac{P}{A} \tag{7-2}$$

式中 f_{cc} ——混凝土立方体试件抗压强度，MPa；

P ——抗压破坏荷载，N；

A ——试件承压面积，mm^2。

2. 试验结果评定

(1) 以 3 个试件测值的算术平均值作为该组试件的抗压强度值。

(2) 3 个测值中的最大值或最小值中如有 1 个与中间值的差值超过中间值的 15%时，则把最大值及最小值舍除，取中间值作为该组试件的抗压强度值。

(3) 如有 2 个测值与中间值的差均超过中间值的 15%，则该组试件的试验结果无效。

(4) 若混凝土等级＜C60 时，取 150mm×150mm×150mm 试件的抗压强度为标准值，用其他尺寸试件测得的强度值均应乘以尺寸换算系数，其值对 200mm×200mm×200mm 试件为 1.05，对 100mm×100mm×100mm 试件为 0.95。混凝土等级≥C60，宜采用标准试件。使用非标准试件时，尺寸换算系数应由试验确定。

5.6 填写原始记录表

原始记录表见本书附录《建筑材料检测试验报告书》。

5.7 填写检测试验报告

检测报告表见本书附录《建筑材料检测试验报告书》。

工作任务 6　混凝土配合比试配及调整

6.1 试验目的

在理论配合比设计的基础上，通过试验结果进行相应的调整，确定混凝土试验室配合比。

6.2 依据标准

(1)《混凝土结构工程施工质量验收规范》(GB 50204—2002)。
(2)《普通混凝土拌合物性能试验方法标准》(GB/T 50080—2002)。
(3)《普通混凝土配合比设计规程》(JGJ 55—2000)。
(4)《普通混凝土力学性能试验方法标准》(GB/T 50081—2002)。

6.3 试验步骤

1. 试配混凝土配合比，确定基准配合比

(1) 根据初步配合比，确定混凝土试配时各材料的用量。每盘混凝土的最小搅拌量应符合表7-1的规定。当采用机械搅拌时，其搅拌量不应小于搅拌机额定搅拌量的1/4。

表7-1 混凝土试配的最小搅拌量

骨料最大粒径/mm	拌和物数量/L
31.5及以下	15
40	25

(2) 按确定的各材料用量进行称量，材料称量的精确度为：骨料±1%；水泥、外加剂均为±0.5%；

(3) 搅拌混凝土均匀后，进行混凝土和易性试验。当所测的和易性指标不满意要求时，应进行相应的调整，具体的调整方法见表7-2。

表7-2 混凝土拌合物和易性调整方法

序号	存在的情况	解决的措施
1	坍落度大于要求，粘聚性、保水性满足要求	减少单位用水量，W/C、砂率不变
2	坍落度小于要求，粘聚性、保水性满足要求	增加单位用水量，W/C、砂率不变
3	粘聚性、保水性不满足要求(由于砂浆量不足造成)	保持单位用水量，W/C不变，增大砂率
4	粘聚性、保水性不满足要求(由于砂浆量过多造成)	保持单位用水量，W/C不变，减少砂率

(4) 经和易性调整得出基准配合比。

2. 检验混凝土的强度，确定混凝土试验室配合比

(1) 确定混凝土三个配合比。其中之一为通过和易性调整的基准配合比，另外两个配合比的水灰比，较基准配合比分别增加和减少0.05；用水量应与基准配合比相同，砂率可分别增加和减少1%。

(2) 制作试件与试压。每个配合比分别制作一组试件，标准养护28d后进行试压，得出其抗压强度值。制作试件时，进行和易性试验和表观密度试验。

3. 确定试验室配合比

(1) 根据试验得出的混凝土强度与其相对应的灰水比(C/W)关系，用作图法或计算法求出与混凝土配制强度($f_{cu,0}$)相对应的灰水比，并应按下列原则确定每 m^3 混凝土的材料用量。

① 用水量(m_w)应在基准配合比用水量的基础上，根据制作强度试件时测得的坍落度进行调整确定。

② 水泥用量(m_c)应以用水量乘以选定出来的灰水比计算确定。

③ 粗骨料和细骨料用量(m_g 和 m_s)应在基准配合比的粗骨料和细骨料用量的基础上，按选定的灰水比进行调整后确定。

(2) 经试配确定配合比后，应进行表观密度校正。

当混凝土表观密度实测值与计算值之差的绝对值不超过计算值的 2%时，按不需要进行校正，当两者之差超过 2%时，应将配合比中每项材料用量均乘以校正系数 δ，即为确定的设计配合比。

① 根据强度确定的材料用量按下式(7-3)计算混凝土的表观密度计算值 $\rho_{c,c}$：

$$\rho_{c,c} = m_c + m_g + m_s + m_w \tag{7-3}$$

② 应按下式(7-4)计算混凝土配合比校正系数 δ：

$$\delta = \frac{\rho_{c,t}}{\rho_{c,c}} \tag{7-4}$$

式中　　$\rho_{c,t}$——混凝土表观密度实测值，kg/m^3；

$\rho_{c,c}$——混凝土表观密度计算值，kg/m^3。

m_o——砂浆在水中的质量，g；

m_g、m_s、m_c——分别为试样中粗骨料、细骨料和水泥的质量，g。

工作任务7　回弹法无破损检验混凝土抗压强度

7.1　试验目的

通过回弹法检验混凝土的抗压强度，有效评价混凝土质量，为检验工程质量的必要手段。

7.2　执行的标准

(1)《回弹法检测混凝土抗压强度技术规程》(JGJ/T 23—2001)。

(2)《混凝土回弹仪》(JJG 817—1993)。

7.3　主要试验仪器

回弹仪。回弹仪应符合下列标准状态的要求：

(1) 水平弹击时，弹击锤脱钩的瞬间回弹仪的标准能量应为 2.207J。

(2) 弹击锤与弹击杆碰撞的瞬间，弹击拉簧应处于自由状态，此时弹击锤起跳点应相应于指针指示刻度尺上"0"处。

(3) 在洛氏硬度 HRC 为 60±2 的钢砧上，回弹仪的率定值应为 80±2。

回弹仪使用时的环境温度应为-4±40℃。

7.4 操作步骤

1. 检验回弹法检测混凝土强度时应具有的资料

采用回弹法对结构或构件混凝土强度进行检测宜具有下列资料：
(1) 工程名称及设计、施工、监理(或监督)和建设单位名称。
(2) 结构或构件名称、外形尺寸、数量及混凝土强度等级。
(3) 水泥品种、强度等级、安定性、厂名；砂、石种类、粒径；外加剂或掺合料品种、掺量；混凝土配合比等。
(4) 施工时材料计量情况，模板、浇筑、养护情况及成型日期等。
(5) 必要的设计图样和施工记录。
(6) 检测原因。

2. 回弹值测量

1) 检测区的要求

每一结构或构件测区数不应少于 10 个，对某一方向尺寸小于 4.5m 且另一方向尺寸小于 0.3m 的构件 其测区数量可适当减少，但不应少于 5 个。

相邻两测区的间距应控制在 2m 以内，测区离构件端部或施工缝边缘的距离不宜大于 0.5m，且不宜小于 0.2m。

测区应选在使回弹仪处于水平方向检测混凝土浇筑侧面。当不能满足这一要求时，可使回弹仪处于非水平方向检测混凝土浇筑侧面、表面或底面。

测区宜选在构件的两个对称可测面上，也可选在一个可测面上，且应均匀分布。在构件的重要部位及薄弱部位必须布置测区，并应避开预埋件。

测区的面积不宜大于 $0.04m^2$。

检测面应为混凝土表面，并应清洁、平整，不应有疏松层、浮浆、油垢、涂层以及蜂窝、麻面，必要时可用砂轮清除疏松层和杂物，且不应有残留的粉末或碎屑。

对弹击时产生颤动的薄壁、小型构件应进行固定。

2) 测点的要求

测点宜在测区范围内均匀分布，相邻两测点的净距不宜小于 20mm。

测点距外露钢筋、预埋件的距离不宜小于 30mm。

测点不应在气孔或外露石子上，同一测点只应弹击一次，每一测区应记取 16 个回弹值，每一测点的回弹值读数估读至 1。

3) 回弹

检测时，回弹仪的轴线应始终垂直于结构或构件的混凝土检测面，缓慢施压准确读数，快速复位。

3. 碳化深度值测量

(1) 回弹值测量完毕后，应在有代表性的位置上测量碳化深度值，测点表不应少于构件测区数的 30%，取其平均值为该构件每测区的碳化深度值。当碳化深度值极差大于 2.0mm

时，应在每一测区测量碳化深度值。

(2) 碳化深度值测量，可采用适当的工具在测区表面形成直径约 15mm 的孔洞，其深度应大于混凝土的碳化深度。孔洞中的粉末和碎屑应除净，并不得用水擦洗。同时，应采用浓度为 1%的酚酞酒精溶液滴在孔洞内壁的边缘处，当已碳化与未碳化界线清楚时，再用深度测量工具测量已碳化与未碳化混凝土交界面到混凝土表面的垂直距离，测量不应少于 3 次，取其平均值。每次读数精确至 0.5mm。

7.5 测定结果处理

1. 试验数据处理

(1) 计算测区平均回弹值，应从该测区的 16 个回弹值中剔除 3 个最大值和 3 个最小值，余下的 10 个回弹值应按式(7-5)计算：

$$R_m = \frac{\sum_{i=1}^{10} R_i}{10} \tag{7-5}$$

式中 R_m——测区平均回弹值，精确至 0.1；

R_i——第 i 个测点的回弹值。

(2) 非水平方向检测混凝土浇筑侧面时，应进行修正。

(3) 水平方向检测混凝土浇筑顶面或底面时，应进行修正。

(4) 当检测时回弹仪为非水平方向且测试面为非混凝土的浇筑侧面时，应先进行角度修正，再进行浇筑面修正。

2. 强度计算及推定

(1) 当该结构或构件测区数少 10 个时，以构件中最小的测区混凝土强度换算值($f^c_{cu,min}$)为该构件的混凝土强度推定值($f_{cu,e}$)。

(2) 当该结构或构件测区数不少于 10 个或按批量检测时，应按式(7-6)计算：

$$f_{cu,e} = m_{f^c_{cu}} - 1.645 S_{f^c_{cu}} \tag{7-6}$$

注：结构或构件的混凝土强度推定值是指相应于强度换算值总体分布中保证率不低于 95%的结构或构件中的混凝土抗压强度值。

7.6 填写原始记录表

原始记录表见本书附录《建筑材料检测试验报告书》。

7.7 填写检测试验报告

检测报告表见本书附录《建筑材料检测试验报告书》。

项目 8

砂浆检测试验

工作任务 1 取 样

(1) 建筑砂浆试验用料应从同一盘砂浆或同一车砂浆中取样。取样量不应小于试验所需量的 4 倍。

(2) 当施工过程中进行砂浆试验时,砂浆取样量应按相应的施工验收规范执行,并宜在现场搅拌点或预拌砂浆卸料点的至少 3 个不同部位及时取样。对于现场取得的试样,试验前应人工搅拌均匀。

(3) 从取样完毕到开始进行各项性能试验,不宜超过 15min。

工作任务 2 确定检测依据

(1)《建筑砂浆基本性能试验方法标准》(JGJ/T 70—2009)。
(2)《砌体工程施工质量验收规范》(GB 50203—2002)。
(3)《砌筑砂浆配合比设计规程》(JGJ 98—2000)。

工作任务 3 砂浆拌合物性能检测试验

3.1 检测试验目的

通过稠度的测定,便于施工过程中控制砂浆稠度,达到控制用水量的目的,同时为确定配合比、合理选择稠度及确定满足施工要求的流动性提供依据;通过分层度的测定,评定砂浆的保水性。

3.2 检验标准及主要质量指标检验方法标准

(1)《建筑砂浆基本性能试验方法标准》(JGJ/T 70—2009)。

(2)《砌体工程施工质量验收规范》(GB 50203—2002)。

砌筑砂浆的分层度水得大于 30mm，其中水泥混合砂浆的分层度一般不大于 20mm。

3.3 主要仪器设备

1. 稠度试验

(1) 砂浆稠度测定仪：由试锥、盛样容器和支座三部分组成。

(2) 钢制捣棒：直径 10mm，长 350mm，端部磨圆。

(3) 秒表等。

2. 分层度试验

(1) 砂浆分层度筒。

(2) 水泥胶砂振动台：振幅(0.85±0.05)mm，频率(50±3)Hz。

(3) 稠度仪、木槌等。

3.4 试验步骤及注意事项

1. 试验步骤

1) 稠度试验

(1) 盛样容器和试锥表面用湿布擦干净，并用少量润滑油轻擦滑杆，使滑杆能自由滑动。

(2) 将砂浆拌和物一次装入容器，使砂浆表面低于容器口 10mm 左右，然后轻轻地将容器摇动或敲击 5～6 下，使砂浆平整，随后将容器置于稠度测定仪的底座上。

(3) 拧开试锥滑杆的制动螺钉，向下移动滑杆，当试锥尖与砂浆表面刚接触时，拧紧制动螺钉，使齿条测杆下端刚接触测杆上端，并将指针对准零点上。

(4) 拧开制动螺钉，同时计时间，等到 10s 立即固定螺钉，将齿条测杆下端接触测杆上端，从刻度盘上读出下沉深度(精确至于 1 mm)，即为砂浆的稠度值。

2) 分层度试验

分层度试验可采取标准法和快速法，当发生争议时，以标准法的测定结果为准。

标准法：

(1) 先按稠度试验法测定稠度。

(2) 将砂浆拌和物一次装入分层度筒内，待装满后，用木锤在容器周围距离大致相等的 4 个不同地方轻轻敲击 1～2 下，使砂浆沉落到低于筒口，则应随时添加，然后刮去多余的砂浆并用抹刀抹平。

(3) 静置 30min，去掉上节的 200mm 砂浆，然后将剩余的 100mm 砂浆倒出放入拌和锅内拌 2min，再按稠度试验方法测定其稠度。前后测得的稠度之差即为该砂浆的分层度值(cm)。

快速法：

(1) 按稠度试验法测定稠度。

(2) 将分层度筒预先固定在振动台上,砂浆一次装入分层度筒内,振动 20s。

(3) 然后去掉上节 200 mm 砂浆,剩余 100 mm 砂浆倒出放入拌和锅内拌和 2min,再按稠度试验方法测定其稠度,前后测得的稠度之差即为该砂浆的分层度值(cm)。

2. 注意事项

1) 稠度试验

盛样容器内的砂浆,只允许测定一次稠度,重复测定时,应重新取样。

2) 分层度试验

如有争议时,以标准法为准。

3.5 试验结果处理

(1) 稠度试验结果应按下列要求处理:

① 同盘砂浆应取两次试验结果的算术平均值,精确计算至 1mm。

② 两次试验值之差如大于 10mm,则应重新取样测定。

(2) 分层度试验结果应按下列要求处理:

① 取两次试验结果的算术平均值作为该砂浆的分层度值。

② 两次分层度试验值之差如大于 10mm,则应重新取样测定。

工作任务 4　砂浆立方体抗压强度试验

4.1 试验目的

通过砂浆试件抗压强度的测定,检验砂浆质量,确定、校核配合比是否满足要求,并确定砂浆强度等级。

4.2 依据标准

(1)《建筑砂浆基本性能试验方法标准》(JGJ/T 70—2009)。

(2)《砌体工程施工质量验收规范》(GB 50203—2002)。

4.3 主要试验仪器

(1) 试模:为 70.7mm×70.7mm×70.7mm 立方体,由铸铁或钢制成,应具有足够的刚度并拆装方便。

(2) 捣棒:直径 10mm,长 350 mm 的钢棒,端部应磨圆。

(3) 压力试验机:采用精度应为 1%的试验机,其量程应能使试件的预期破坏荷载值不小于全量程的 20%,也不大于全量程的 80%。

(4) 垫板:试验机上、下压板及试件之间可各垫以钢垫板,钢垫板的尺寸应大于试件的承压面,其平面度应为每 100mm 不超过 0.02mm。

(5) 振动台:空载中台面的垂直振幅应为(0.5±0.05)mm,空载频率应为(50±3)Hz。空载台面振幅均匀度不应大于 10%,一次试验至少能固定 3 个试模,如图 8.1 所示。

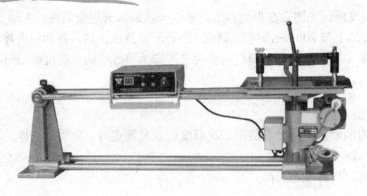

图 8.1 振动台

4.4 试验步骤及注意事项

1. 试验步骤

1) 试件成型及养护

(1) 应采用立方体试件，每组试件为 3 个。

(2) 应采用黄油等密封材料涂抹试模的外接缝，试模内应涂刷薄层机油或隔离剂。应将拌和好的砂浆一次性装满砂浆试模，成型方法根据稠度而确定。当稠度大于 50mm 时，宜采用人工插捣成型；当稠度不大于 50mm 时，宜采用振动台振实成型。

① 人工插捣。

应采用捣棒均匀地由边缘向中心按螺旋方式插捣 25 次。插捣过程中，砂浆沉落低于试模口时，应随时添加砂浆，可用油灰刀插捣数次，并用手将试模一边抬高 5~10mm 各振动 5 次，砂浆应高出试模表面 6~8mm。

② 机械振动。

将砂浆一次装入试模后，放至振动台上，振动时试模不得跳动。振动 5~10s 或持续到表面泛浆为止，不得过振。

(3) 应待表面水分稍干后，再将高出试模部分的砂浆沿试模顶面刮去并抹平。

(4) 试件制作后应在 20±5℃温度环境下停置 24±2h，对试件进行编号拆模。当气温较低时，或凝结时间大于24h 的砂浆，可适当延长时间，但不应超过 2d。试件拆模后，立即放入温度为 20±2℃，相对湿度 90%以上的标准养护室养护，养护期间试件彼此间隔不少于 10mm，混合砂浆、湿拌砂浆试件上应覆盖，防止有水滴在试件上。

(5) 从加水搅拌开始计时，标准养护时间为 28d，也可以根据相关规定增加 7d 或 14d。

2) 抗压强度测定

(1) 试件从养护地点取出后应及时进行试验，试验前应先将试件擦拭干净，测量尺寸，并检查其外观。试件尺寸测量精确至 1mm，并据此计算试件的承压面积。如实测尺寸与公称尺寸之差不超过 1mm，可按公称尺寸进行计算。

(2) 将试件安放在试验机的下压板上(或下垫板上)，试件的承压面应与成形时的顶面垂直，试件中心应与试验机下压板(或下垫板)中心对准。开动试验机，当上压板与试件(或上垫板)接近时，调整球座，使接触面均衡受压。承压试验应连续而均匀地加荷，加荷速度应为 0.5~1.5kN/s(砂浆强度 2.5MPa 以下时，取下限为宜)，当试件接近破坏而开始迅速变形时,停止调整试验机油门,直到试件破坏,然后记录破坏荷载。

2. 注意事项

(1) 标准养护的条件:温度为 20±2℃,相对湿度 90%以上;

(2) 养护期间,试件彼此间隔不少于 10mm。

4.5 试验结果处理

1. 计算公式

砂浆立方体抗压强度应按式(8-1)计算(精确至 0.1MPa):

$$f_{m,cu} = \frac{N_u}{A} \tag{8-1}$$

式中 $f_{m,cu}$——砂浆立方体抗压强度,MPa;

N_u——立方体破坏压力,N;

A——试件承压面积,mm。

2. 试验结果处理

(1) 以 3 个试件测值的算术平均值作为该组试件的抗压强度值,平均值计算精确至 0.1MPa;

(2) 当 3 个测值的最大值或最小值与中间值的差值超过中间值的 15%时,应把最大值或最小值一并舍去,取中间值作为该组试件的抗压强度值;

(3) 当两个测值与中间值的差值均超过中间值的 15%时,该试验结果视为无效。

工作任务 5　填写原始记录

原始记录表见本书附录《建筑材料检测试验报告书》。

工作任务 6　填写检测试验报告

检测报告表见本书附录《建筑材料检测试验报告书》。

建筑材料检测试验
报　告　书

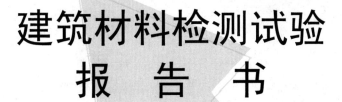

学　校：_____

专　业：_____

编　号：_____

班　级：_____

姓　名：_____

学　号：_____

成　绩：_____

年　　月　　日

表1 产品(材料)检测委托书

年　　月　　日

委托单位				样品编号	
样品名称				样品数量	
生产单位				规格型号	
工程名称				注册商标	
鉴证单位				鉴 证 人	
通信地址				委 托 人	
检测依据				检测类别	
抽样要求	抽样地点	抽样基数	抽样数量	抽 样 人	抽样时间
检测编号	检测项目及工程部位				
样品流向				受理人	

说明：1. 委托人对样品的状态、资料的完整性和检测依据等内容填写清楚，检测单位受理人予以确认。
　　　2. 样品按试验室规定统一编号，样品编号与报告编号相同。
　　　3. 当检验有分包项时，检测室应在分包项后注明，由委托方书面确认。
　　　4. 若留备份样，应在"检验项目及工程部位"中予以注明。
　　　5. 委托人及受理人签字后，表明合同内容已被双方确认，同时合同生效。
　　　6. 本委托单一式四份(存根、随样品、检测报告、委托人各一份)。

表2 水泥物理性能检测原始记录(一)

样品名称				样品编号		
水泥品种				检测编号		
检测依据				环境条件		
设备名称		设备编号		设备状态		
检 测 内 容						
标准稠度用水量	加水量A(mL)		标准稠度P(%)		计算式：$P=A\div 500\times 100\%$	
凝结时间	加水到时		h		min		
	初凝到时		h		min		
	终凝到时		h		min		
	凝结时间	初凝：	h		min		
		终凝：	h		min		
安定性	雷式法	编号		1#		2#	
		沸煮前指针尖端距离A		mm		mm	
		沸煮后指针尖端距离C		mm		mm	
	饼法						
水泥细度	样品质量W(g)		筛余质量R_S(g)		筛余百分数F_c(%)		
	细度计算式：$F_c=R_S\div W\times C\times 100$				式中的$C=$		
记录说明							

校核：　　　　　　　　主检：　　　　　　　　检测日期：

表3　水泥物理性能检测原始记录(二)

样品名称				样品编号		
水泥品种				检测编号		
检测依据				环境条件		
设备名称		设备编号		设备状态		

检 测 内 容

抗折强度/MPa	龄期	序　号				成型时间	月　　日
		1	2	3	平均值		
	3d					龄期与破型日期　3d	月　　日
	28d					28d	月　　日

3d抗压强度		28d抗压强度	
序号	荷载F_C(kN)	抗压强度R_C(MPa)	荷载F_C(kN)	抗压强度R_C(MPa)
1				
2				
3				
4				
5				
6				
平均值	/		/	

备注	抗压强度 $R_C = \dfrac{F_C}{1\,600} \times 1\,000$

校核：　　　　　　主检：　　　　　　检测日期：

表4 水泥物理性能检测报告

委托单位			报告编号	
工程名称			样品编号	
样品名称			工程部位	
水泥品种		强度等级	代表数量	
检测依据			样品状态和特性	
生产厂家			送样日期	
环境条件			检测日期	
试验室地址			邮政编码	

检 测 内 容

检测项目	标准要求	检验结果		
细　　度				
标准稠度				
凝结时间	初凝			
	终凝			
安定性(沸煮法)		饼法： 雷式法：		
抗折强度(MPa)		单块值		平均值
抗压强度(MPa)		单块值		平均值

综合结论	
检测说明	

批准：　　　　校核：　　　　主检：　　　　检测单位：(盖章)

签发日期：

表5　普通混凝土用砂检测原始记录(一)

样品名称				样品编号			
规格型号				检测编号			
检测依据				环境条件			
设备名称		设备编号		设备状态			

检 测 内 容					
堆积密度	次数	容量筒质量(kg)	容量筒与砂试样总质量(kg)	容量筒体积(L)	密度(kg/m³)	平均值(kg/m³)
	1					
	2					

筛孔尺寸(mm)	筛余量(g)		分计筛余(%)		累计筛余(%)		累计筛余平均值(%)
	第一次试验	第二次试验	第一次	第二次	第一次	第二次	

细度模数(M_X)	$M_{X1}=$	$M_{X2}=$	$M_X = \dfrac{M_{X1}+M_{X2}}{2}$			

含泥量	次数	冲洗前烘干质量(g)	冲洗后烘干质量(g)	含泥量(%)	平均值(%)	泥块含量	次数	试验前干燥试样质量(g)	试验后干燥试样质量(g)	泥块质量(%)	平均值(%)
	1						1				
	2						2				

记录说明	

校核：　　　　　主检：　　　　　检测日期：

表6 普通混凝土用砂检测原始记录(二)

样品名称				样品编号		
规格型号				检测编号		
检测依据				环境条件		
设备名称		设备编号		设备状态		
检测内容						
紧密密度	次数	容器筒容积 V(L)	容器筒质量 G_{20}(kg)	容器筒和试样总质量 G_{19}(kg)	紧密密度 ρ_1 (kg/m³)	平均值 ρ_1 (kg/m³)
	1					
	2					
砂密度	次数	烘干后试样质量 G_{12}(g)	水及容量瓶重 G_{14}(g)	水的密度 $\rho_水$ (g/cm³)	烘干试样水及容量瓶总质量 G_{13}(g)	砂密度 ρ_0 (g/cm³)
	1					
	2					
含水率	次数	烘干前的试样质量 G_{18}(g)	烘干后的试样质量 G_{17}(g)		含水率 Z(%)	平均值(%)
	1					
	2					
吸水率	次数	烧杯质量 G_{15}(g)	烧杯和试样质量 G_{16}(g)	饱和面干状态试样质量(g)	吸水率 W_X(%)	平均值(%)
	1					
	2					
孔隙率(%)	$V_O = [1 - \rho_1/(\rho_0 \times 1\,000)] \times 100$					
公式	$\rho_1 = \dfrac{G_{19} - G_{20}}{V} \times 1\,000 \qquad \rho_0 = \dfrac{G_{12}}{G_{12} + G_{14} - G_{13}} \times \rho_水$ $Z = \dfrac{G_{18} - G_{17}}{G_{17}} \times 100 \qquad W_X = \dfrac{500 - (G_{16} - G_{15})}{G_{16} - G_{15}} \times 100$					
结论						

校核：　　　　　　　　主检：　　　　　　　　检测日期：

表7　普通混凝土用砂检测报告

委托单位		报告编号	
工程名称		检测编号	
样品名称		工程部位	
生产厂家		规格种类	
检测依据		代表数量	
环境条件		送样日期	
试验室地址		检测日期	
		邮政编码	

检 测 内 容

检测项目	检测结果			检测项目				检测结果
表观密度(kg/m³)				有机物含量				
堆积密度(kg/m³)				云母含量(%)				
紧密密度(kg/m³)				轻物质含量(%)				
含泥量(%)				坚固性(%)				
泥块含量(%)				硫化物及硫酸盐含量(%)				
氯盐含量(%)				吸水率(%)				
含水率(%)				碱活性				
筛孔尺寸(mm)								检测结果
砂颗粒级配区	Ⅰ区	0	10—0	35—5	65—35	85—71	95—80	100—90	细度模数	
	Ⅱ区	0	10—0	25—0	50—10	70—41	92—70	100—90		
	Ⅲ区	0	10—0	15—0	25—0	40—16	85—55	100—90	级配区属	
实际累计筛余(%)								
综合结论								
检测说明								

批准：　　　　　校核：　　　　　主检：　　　　　检测单位(盖章)

签发日期：

表8 普通混凝土用碎石、卵石检测原始记录

样品名称			样品编号		
规格型号			检测编号		
检测依据			环境条件		
设备名称		设备编号		设备状态	

检 测 内 容

堆积密度	次数	容量筒重量(kg)	容量筒体积(L)	筒和试样重(kg)	堆积密度(kg/m³)	平均值(kg/m³)
	1					
	2					

筛孔尺寸(mm)						
筛余量(g)						
分计筛余(%)						
累计筛余(%)						
最大粒径(mm)						

含泥量(%)	次数	试验前烘干重(g)	试验后烘干重(g)	损失重(g)	含泥量(%)	平均值(%)
	1					
	2					

泥块含量(%)	次数	5.0mm筛余量(g)	试验后烘干重(g)	损失重(g)	泥块含量(%)	平均值(%)
	1					
	2					

针片状含量(%)	次数	试样质量(g)	试样中所含片状颗粒总质量(g)			平均值(%)
	1					
	2					

结　论	

检测依据	

记录说明	

校核：　　　　　　　　　　主检：　　　　　　　　　　检测日期：

表9　普通混凝土用碎石、卵石检测报告

委托单位		报告编号	
工程名称		检测编号	
样品名称		工程部位	
生产厂家		规格种类	
检测依据		代表数量	
环境条件		送样日期	
试验室地址		检测日期	
		邮政编码	

检 测 内 容

检测项目	检测结果	检测项目	检测结果
表观密度(kg/m³)		有机物含量	
堆积密度(kg/m³)		坚固性(%)	
紧密密度(kg/m³)		岩石强度(MPa)	
吸水率(%)		压碎指标(%)	
含水率(%)		硫化物及硫酸盐含量(%)	
含泥量(%)		碱活性	
泥块含量(%)		针片状颗粒含量(%)	
筛孔尺寸(mm)									
实际累计筛余(%)									

综合结论	
检测说明	

批准：　　　　校核：　　　　主检：　　　　检测单位：(盖章)

签发日期：

表10 钢筋(材)检测原始记录

样品名称							样品编号				
牌号、级别							环境条件				
检测依据							检测日期				
设备名称			设备编号				设备状态				

试验编号	规格尺寸(mm)	面积(mm²)	标距(mm)	屈服点		抗拉强度		断裂后标距(mm)	伸长率(%)	弯心直径(mm)	冷弯180°	反复弯曲(次数)
				拉力(kN)	强度(MPa)	拉力(kN)	强度(MPa)					

结论	
记录说明	

校核：　　　　　　　主检：　　　　　　　检测日期：

表 11 钢筋(材)焊接检测原始记录

样品名称					样品编号		
牌号、级别					环境条件		
检测依据					检测日期		
设备名称			设备编号		设备状态		

检 测 内 容							
试验编号	实测直径 (mm)	面积 (mm^2)	焊缝长度 (mm)	极限强度 (MPa)	断裂位置 (mm)	断裂特征	冷弯
结论							
结论							
结论							
记录说明							

校核：　　　　　　主检：　　　　　　检测日期：

表12　钢筋(材)物理性能检测报告

委托单位				报告编号	
工程名称				检测编号	
样品名称		牌号级别		工程部位	
生产厂家				代表数量	
检测依据				送样日期	
环境条件				检测日期	
试验室地址				邮政编码	

检 测 内 容

检测编号 种　类	级别	公称直径 (mm)	面积(mm^2)	屈服点 (MPa)	抗拉强度 (MPa)	伸长率 (%)	冷弯 180°
结论							
结论							
结论							
检测说明							

批准：　　　　　校核：　　　　　　　　主检：　　　　　　检测单位：(盖章)

签发日期：

表 13　钢筋(材)焊接检测报告

委托单位			报告编号	
工程名称			样品编号	
工程部位			焊工姓名及证号	
检测依据			焊接形式	
种类牌号			样品状态和特性	
样品数量				
接头数量			送样日期	
环境条件			检测日期	
试验室地址			邮政编码	

检 测 内 容									
检测编号	公称直径(mm)	实测直径(mm)	面积(mm²)	焊缝长度(mm)	极限强度(MPa)	断裂位置(mm)	断裂特征	冷弯
结论									
结论									
结论									
检测说明									

批准：　　　　校核：　　　　主检：　　　　检测单位：(盖章)

签发日期：

表14 烧结砖强度检测原始记录

样品名称					样品编号		
规格型号					检测编号		
检测依据					环境条件		
设备名称			设备编号		设备状态		
检 测 内 容							
试件编号	试件尺寸(mm)				荷载P(kN)	强度f(MPa)	
	长L_1		宽L_2				
	测值	平均	测值	平均			
1							
2							
3							
4							
5							
6							
7							
8							
9							
10							
平均值f(MPa)		变异系数δ		标准差S(MPa)		标准值f_k(MPa)	
强度等级							
记录说明							

校核：　　　　　　　　　主检：　　　　　　　　　检测日期：

表15 烧结普通砖检测报告

委托单位			报告编号	
工程名称			检测编号	
样品名称			工程部位	
生产厂家			规格等级	
检测依据			送样日期	
环境条件			检测日期	
试验室地址			邮政编码	
检 测 内 容					
力学性能	抗压强度结果	平均值(MPa)	标准值(MPa)	最小值(MPa)	变异系数
耐久性能	抗风化性能结果	5h沸煮吸水率(%)		浸泡24h吸水率(%)	饱和系数
	泛霜试验结果				
	石灰爆裂试验结果				
综合结论	
检测说明	

批准：　　　　校核：　　　　主检：　　　　检测单位：(盖章)

签发日期：

表16 混凝土试件抗压强度检测原始记录

工程名称					检测编号			
养护方法					环境条件			
检测依据					设备编号			
设备名称					设备状态			

检 测 内 容								
检测编号	强度等级	试件规格(mm)	受压面积(mm^2)	制作日期	荷载A(kN)	抗压强度(MPa)	代表值	标准试件值(MPa)
记录说明								

校核:　　　　　　　　主检:　　　　　　　　检测日期:

表17　混凝土试件抗压强度检测报告

委托单位		报告编号	
工程名称		试验编号	
样品名称		工程部位	
检测依据		送样日期	
环境条件		检测日期	
试验室地址		邮政编码	

检 测 内 容								
检测编号	试件代表部位	强度等级	制作日期	试压日期	养护方法龄期(d)	规格(mm)	抗压强度(MPa)		
							单个值	代表值	标准试件值
检测内容									

批准：　　　　　校核：　　　　　主检：　　　　　检测单位：(盖章)

签发日期：

表18 混凝土配合比设计原始记录

样品名称				样品编号	
强度等级				检测编号	
检测依据				环境条件	
设备名称		设备编号		设备状态	

	检 测 内 容				
原材料情况	材料名称	水泥	砂	石1	石2
	生产厂家、地址				
	品种、规格、等级				
	材料名称	水	掺合料	外加剂1	外加剂2
	生产厂家、地址				
	品种、规格、等级				

配合比计算	

	材料名称	水泥	砂	石1	石2	水	掺合料	外加剂1	外加剂2
理论配合比	每m³用量(kg)								
	重量配合比								
	试验配料(kg)								
调整后配合比	每m³用量(kg)								
	重量配合比								

坍落度：　　　　黏聚性：　　　　砂率情况：　　　　泌水离析：

试件尺寸(mm)	受压面积(mm²)	龄期(d)	破坏荷载(kN)	抗压强度(MPa)	平均强度(MPa)	标准强度(MPa)	龄期(d)	破坏荷载(kN)	抗压强度(MPa)	平均强度(MPa)	标准强度(MPa)
		7					28				

记录说明	

校核：　　　　　　　　主检：　　　　　　　　检测日期：

表19 混凝土配合比检测报告

委托单位				报告编号		
工程名称				检测编号		
工程部位				抗渗等级		
强度等级		混凝土种类		坍落度		
检测依据				送样日期		
环境条件				检测日期		
试验室地址				邮政编码		

检 测 内 容

	材料名称	水泥	砂	石子1	石子2	水
材料情况	生产单位、产地					
	品种、等级、规格					
	主要技术指标实测结果		细度模数	级配	级配	
			含泥量(%)	含泥量(%)	含泥量(%)	
	材料名称		掺合料	外加剂1	外加剂2	
	生产单位、产地					
	品种、规格、型号					

混凝土配合比

每m³各材料用量(kg)	水泥	砂	石子	水	掺合量	外加剂1	外加剂2
重量配合比							
水灰比	养护方法	坍落度(mm)	砂率(%)	7d强度(MPa)	28d强度(MPa)	抗渗、抗冻等级	

检测说明	

批准： 校核： 主检： 检测单位：(盖章)

签发日期：

表20　回弹法检测混凝土抗压强度原始记录(一)

工程名称				样品编号	
结构类型				检测编号	
检测地点				环境条件	
设备名称					
设备编号					
设备状态					
抽样基数				抽样日期	
抽样数量				抽样人	
抽样地点					
检测项目					
检测依据					
记录说明					

校核：　　　　　　主检：　　　　　　检测日期：

表21 回弹法检测混凝土抗压强度原始记录(二)

构件名称																		样品编号			
施工日期																		检测编号			
测面状态	侧面	表面	底面	干	潮湿	光洁	粗糙		设计强度等级				测试角度	向上(°)	水平	向下(°)		碳化深度(mm)	回弹平均值	角度浇注面修正后回弹值	修正系数	强度换算值(MPa)
测区 \ 回弹值	1	2	3	4	5	6	7	8	9	10	11	12	13	14	15	16					
1																					
2																					
3																					
4																					
5																					
6																					
7																					
8																					
9																					
10																					
强度计算	$mf_{cu}^c=$					$sf_{cu}^c=$					$f_{cu}^c \cdot min=$					$\eta=$			$f_{cu,e}^c=$		
记录说明																					

校核:　　　　　　　　　　　　　　　　主检:　　　　　　　　　　　　　　　　检测日期:

表22　回弹法检测混凝土抗压强度报告

工程名称						报告编号		
检测依据								
检测编号	构件名称	设计强度等级	施工日期	测区数量n	强度计算结果(MPa)			强度推定值(MPa)
					mf_{cu}^c	sf_{cu}^c	$f_{cu,min}^c$	
检测说明								

批准：　　　　　校核：　　　　　主检：　　　　　检测单位：(盖章)

签发日期：

表23 砂浆试件抗压强度检测记录

工程名称						检测编号		
养护方法						环境条件		
检测依据						设备编号		
设备名称						设备状态		
检 测 内 容								
检测编号	施工部位	强度等级	砂浆种类	试件规格	制作日期	立方体破坏压力(kN)	立方体抗压强度(MPa)	立方体抗压强度平均值(MPa)
记录说明								

校核：　　　　　　主检：　　　　　　检测日期：

表24 砂浆试件抗压强度检测报告

委托单位						报告编号		
工程名称						检测编号		
样品名称						工程部位		
检测依据						送样日期		
环境条件						检测日期		
试验室地址						邮政编码		
检 测 内 容									
检测编号	试件代表部位	强度等级砂浆种类	制作日期	试压日期	养护方法龄期(d)	规格(mm)	抗压强度(MPa)	
							单个值	标准试件值
检测内容								

批准：　　　　　校核：　　　　　主检：　　　　　检测单位：(盖章)

　　　　　　　　　　　　　　　　　　　　　　　　签发日期：

表 25　建筑材料检测试验总结

(续表)

参 考 文 献

[1] 中华人民共和国建设部. GB/T 14684—2001 建筑用砂[S]. 北京：中国计划出版社，2001.
[2] 中华人民共和国建设部. GB/T 14685—2001 建筑用卵石、碎石[S]. 北京：中国计划出版社，2001.
[3] 中华人民共和国建设部. JGJ 55—2000 普通混凝土配合比设计[S]. 北京：中国计划出版社，2000.
[4] 中华人民共和国建设部. JGJ 70—90 建筑砂浆基本性能试验方法[S]. 北京：中国计划出版社，1990.
[5] 中华人民共和国建设部. JGJ/T 23—2001 回弹法检测混凝土抗压强度技术规程[S]. 北京：中国计划出版社，2001.
[6] 中华人民共和国建设部. GB/T 1346—2002 水泥标准稠度用水量、凝结时间、安定性检验方法[S]. 北京：中国计划出版社，2002.
[7] 中华人民共和国建设部. JGJ 55—2000 普通混凝土配合比设计[S]. 北京：中国计划出版社，2000.
[8] 中华人民共和国建设部. GB 175—2007 通用硅酸盐水泥[S]. 北京：中国计划出版社，2007.
[9] 中华人民共和国建设部. GB 50080—2002 普通混凝土拌合物性能试验方法建设部[S]. 北京：中国计划出版社，2002.
[10] 中华人民共和国建设部. GB 50081—2002 普通混凝土力学性能试验方法建设部[S]. 北京：中国计划出版社，2002.
[11] 中华人民共和国建设部. GB 50204—2002 混凝土结构工程施工质量验收规范[S]. 北京：中国计划出版社，2002.
[12] 中华人民共和国建设部. GB/T 2975—1998 钢及钢产品力学性能试验取样位置及试样制备[S]. 北京：中国计划出版社，1998.
[13] 中华人民共和国建设部. GB 1499.2—2007 钢筋混凝土用钢 带肋钢筋[S]. 北京：中国计划出版社，2007.
[14] 王秀花. 建筑材料[M]. 北京：机械工业出版社，2007.
[15] 张仁瑜. 建筑工程质量检测新技术[M]. 北京：中国计划出版社，2001.
[16] 高琼英. 建筑材料[M]. 武汉：武汉工业大学出版社，1999.
[17] 李业兰. 建筑材料[M]. 北京：中国建筑出版社，1999.

北京大学出版社高职高专土建系列规划教材

序号	书名	书号	编著者	定价	出版时间	印次	配套情况
	基础课程						
1	工程建设法律与制度	978-7-301-14158-8	唐茂华	26.00	2012.7	6	ppt/pdf
2	建设法规及相关知识	978-7-301-22748-0	唐茂华等	34.00	2014.9	2	ppt/pdf
3	建设工程法规(第2版)	978-7-301-24493-7	皇甫婧琪	40.00	2014.12	2	ppt/pdf/答案/素材
4	建筑工程法规实务	978-7-301-19321-1	杨陈慧等	43.00	2012.1	4	ppt/pdf
5	建筑法规	978-7-301-19371-6	董伟等	39.00	2013.1	4	ppt/pdf
6	建设工程法规	978-7-301-20912-7	王先恕	32.00	2012.7	3	ppt/pdf
7	AutoCAD 建筑制图教程(第2版)	978-7-301-21095-6	郭慧	38.00	2014.12	6	ppt/pdf/素材
8	AutoCAD 建筑绘图教程(第2版)	978-7-301-20540-8	唐英敏等	44.00	2014.7	1	ppt/pdf/素材
9	建筑CAD项目教程(2010版)	978-7-301-20979-0	郭慧	38.00	2012.9	2	pdf/素材
10	建筑工程专业英语	978-7-301-15376-5	吴承霞	20.00	2013.8	8	ppt/pdf
11	建筑工程专业英语	978-7-301-20003-2	韩薇等	24.00	2014.7	1	ppt/pdf
12	★建筑工程应用文写作(第2版)	978-7-301-24480-7	赵立等	50.00	2014.7	1	ppt/pdf
13	建筑识图与构造(第2版)	978-7-301-23774-8	郑贵超	40.00	2014.12	2	ppt/pdf/答案
14	建筑构造	978-7-301-21267-7	肖芳	34.00	2014.12	4	ppt/pdf
15	房屋建筑构造	978-7-301-19883-4	李少红	26.00	2012.1	4	ppt/pdf
16	建筑识图	978-7-301-21893-8	邓志勇等	35.00	2013.1	2	ppt/pdf
17	建筑识图与房屋构造	978-7-301-22860-9	负禄等	54.00	2013.8	1	ppt/pdf/答案
18	建筑构造与设计	978-7-301-23506-5	陈玉萍	38.00	2014.1	1	ppt/pdf/答案
19	房屋建筑构造	978-7-301-23588-1	李元玲等	45.00	2014.1	1	ppt/pdf
20	建筑构造与施工图识读	978-7-301-24470-8	南学平	52.00	2014.8	1	ppt/pdf
21	建筑工程制图与识图(第2版)	978-7-301-24408-1	白丽红	29.00	2014.7	1	ppt/pdf
22	建筑制图习题集(第2版)	978-7-301-24571-2	白丽红	25.00	2014.8	1	pdf
23	建筑制图(第2版)	978-7-301-21146-5	高丽荣	32.00	2013.2	4	ppt/pdf
24	建筑制图习题集(第2版)	978-7-301-21288-2	高丽荣	28.00	2014.12	5	pdf
25	建筑工程制图(第2版)(附习题册)	978-7-301-21120-5	肖明和	48.00	2012.8	3	ppt/pdf
26	建筑制图与识图(第2版)	978-7-301-24386-2	曹雪梅	36.00	2014.9	1	ppt/pdf
27	建筑制图与识图习题册	978-7-301-18652-7	曹雪梅等	30.00	2012.4	4	pdf
28	建筑制图与识图	978-7-301-20070-4	李元玲	28.00	2012.8	5	ppt/pdf
29	建筑制图与识图习题集	978-7-301-20425-2	李元玲	24.00	2012.3	4	ppt/pdf
30	新编建筑工程制图	978-7-301-21140-3	方筱松	30.00	2014.8	2	ppt/pdf
31	新编建筑工程制图习题集	978-7-301-16834-9	方筱松	22.00	2014.1	2	pdf
	建筑施工类						
1	建筑工程测量	978-7-301-16727-4	赵景利	30.00	2013.8	11	ppt/pdf/答案
2	建筑工程测量(第2版)	978-7-301-22002-3	张敬伟	37.00	2013.5	5	ppt/pdf/答案
3	建筑工程测量实验与实训指导(第2版)	978-7-301-23166-1	张敬伟	27.00	2013.9	2	pdf/答案
4	建筑工程测量	978-7-301-19992-3	潘益民	38.00	2012.2	2	ppt/pdf
5	建筑工程测量	978-7-301-13578-5	王金玲等	26.00	2011.8	3	pdf
6	建筑工程测量实训(第2版)	978-7-301-24833-1	杨凤华	34.00	2015.1	1	pdf/答案
7	建筑工程测量(含实验指导手册)	978-7-301-19364-8	石东等	43.00	2012.6	3	ppt/pdf/答案
8	建筑工程测量	978-7-301-22485-4	景铎等	34.00	2013.6	1	ppt/pdf
9	建筑施工技术	978-7-301-21209-7	陈雄辉	39.00	2013.2	3	ppt/pdf
10	建筑施工技术	978-7-301-12336-2	朱永祥等	38.00	2012.4	7	ppt/pdf
11	建筑施工技术	978-7-301-16726-7	叶雯等	44.00	2013.5	6	ppt/pdf/素材
12	建筑施工技术	978-7-301-19499-7	董伟等	42.00	2011.9	3	ppt/pdf
13	建筑施工技术	978-7-301-19997-8	苏小梅	38.00	2013.5	1	ppt/pdf
14	建筑工程施工技术(第2版)	978-7-301-21093-2	钟汉华等	48.00	2013.8	1	ppt/pdf
15	基础工程施工	978-7-301-20917-2	董伟等	35.00	2012.7	1	ppt/pdf
16	建筑施工技术实训(第2版)	978-7-301-24368-8	周晓龙	30.00	2014.12	1	pdf
17	建筑力学(第2版)	978-7-301-21695-8	石立安	46.00	2014.12	5	ppt/pdf
18	★土木工程实用力学	978-7-301-15598-1	马景善	30.00	2013.1	4	pdf/ppt
19	土木工程力学	978-7-301-16864-6	吴明军	38.00	2011.11	2	ppt/pdf

序号	书名	书号	编著者	定价	出版时间	印次	配套情况
20	PKPM 软件的应用(第2版)	978-7-301-22625-4	王 娜等	34.00	2013.6	2	pdf
21	建筑结构(第2版)(上册)	978-7-301-21106-9	徐锡权	41.00	2013.4	2	ppt/pdf/答案
22	建筑结构(第2版)(下册)	978-7-301-22584-4	徐锡权	42.00	2013.6	2	ppt/pdf/答案
23	建筑结构	978-7-301-19171-2	唐春平等	41.00	2012.6	4	ppt/pdf
24	建筑结构基础	978-7-301-21125-0	王中发	36.00	2012.8	2	ppt/pdf
25	建筑结构原理及应用	978-7-301-18732-6	史美东	45.00	2012.8	1	ppt/pdf
26	建筑力学与结构(第2版)	978-7-301-22148-8	吴承霞等	49.00	2014.12	5	ppt/pdf/答案
27	建筑力学与结构(少学时版)	978-7-301-21730-6	吴承霞	34.00	2014.8	3	ppt/pdf/答案
28	建筑力学与结构	978-7-301-20988-2	陈水广	32.00	2012.8	1	pdf/ppt
29	建筑力学与结构	978-7-301-23348-1	杨丽君等	44.00	2014.1	1	ppt/pdf
30	建筑结构与施工图	978-7-301-22188-4	朱希文等	35.00	2013.3	2	ppt/pdf
31	生态建筑材料	978-7-301-19588-2	陈剑峰等	38.00	2013.7	2	ppt/pdf
32	建筑材料(第2版)	978-7-301-24633-7	林祖宏	35.00	2014.8	1	ppt/pdf
33	建筑材料与检测	978-7-301-16728-1	梅 杨等	26.00	2012.11	9	ppt/pdf/答案
34	建筑材料检测试验指导	978-7-301-16729-8	王美芬等	18.00	2014.12	7	pdf
35	建筑材料与检测	978-7-301-19261-0	王 辉	35.00	2012.6	5	ppt/pdf
36	建筑材料与检测试验指导	978-7-301-20045-2	王 辉	20.00	2013.1	3	ppt/pdf
37	建筑材料选择与应用	978-7-301-21948-5	申淑荣等	39.00	2013.3	2	ppt/pdf
38	建筑材料检测实训	978-7-301-22317-8	申淑荣等	24.00	2013.4	1	pdf
39	建筑材料	978-7-301-24208-7	任晓菲	40.00	2014.7	1	ppt/pdf/答案
40	建设工程监理概论(第2版)	978-7-301-20854-0	徐锡权等	43.00	2013.7	4	ppt/pdf/答案
41	★建设工程监理(第2版)	978-7-301-24490-6	斯 庆	35.00	2014.9	1	ppt/pdf/答案
42	建设工程监理概论	978-7-301-15518-9	曾庆军等	24.00	2012.12	5	ppt/pdf
43	工程建设监理案例分析教程	978-7-301-18984-9	刘志麟等	38.00	2013.2	2	ppt/pdf
44	地基与基础(第2版)	978-7-301-23304-7	肖明和等	42.00	2014.12	2	ppt/pdf/答案
45	地基与基础	978-7-301-16130-2	孙平平等	26.00	2013.2	3	ppt/pdf
46	地基与基础实训	978-7-301-23174-6	肖明和等	25.00	2013.10	1	ppt/pdf
47	土力学与地基基础	978-7-301-23675-8	叶火炎等	35.00	2014.1	1	ppt/pdf
48	土力学与基础工程	978-7-301-23590-4	宁培淋等	32.00	2014.1	1	ppt/pdf
49	建筑工程质量事故分析(第2版)	978-7-301-22467-0	郑文新	32.00	2014.12	3	ppt/pdf
50	建筑工程施工组织设计	978-7-301-18512-4	李源清	26.00	2014.12	7	ppt/pdf
51	建筑工程施工组织实训	978-7-301-18961-0	李源清	40.00	2014.12	4	ppt/pdf
52	建筑施工组织与进度控制	978-7-301-21223-3	张廷瑞	36.00	2012.9	3	ppt/pdf
53	建筑施工组织项目式教程	978-7-301-19901-5	杨红玉	44.00	2012.1	2	ppt/pdf/答案
54	钢筋混凝土工程施工与组织	978-7-301-19587-1	高 雁	32.00	2012.5	2	ppt/pdf
55	钢筋混凝土工程施工与组织实训指导(学生工作页)	978-7-301-21208-0	高 雁	20.00	2012.9	1	ppt
56	建筑材料检测试验指导	978-7-301-24782-2	陈东佐等	20.00	2014.9	1	ppt
57	★建筑节能工程与施工	978-7-301-24274-2	吴明军等	35.00	2014.11	1	ppt/pdf
	工程管理类						
1	建筑工程经济(第2版)	978-7-301-22736-7	张宁宁等	30.00	2014.12	6	ppt/pdf/答案
2	★建筑工程经济(第2版)	978-7-301-24492-0	胡六星等	41.00	2014.9	1	ppt/pdf/答案
3	建筑工程经济	978-7-301-24346-6	刘晓丽等	38.00	2014.7	1	ppt/pdf/答案
4	施工企业会计(第2版)	978-7-301-24434-0	辛艳红等	36.00	2014.7	1	ppt/pdf/答案
5	建筑工程项目管理	978-7-301-12335-5	范红岩等	30.00	2012.4	9	ppt/pdf
6	建筑工程项目管理(第2版)	978-7-301-24683-2	王 辉	36.00	2014.9	1	ppt/pdf/答案
7	建设工程项目管理	978-7-301-19335-8	冯松山等	38.00	2013.11	3	pdf/ppt
8	★建设工程招投标与合同管理(第3版)	978-7-301-24483-8	宋春岩	40.00	2014.12	2	ppt/pdf/答案/试题/教案
9	建筑工程招投标与合同管理	978-7-301-16802-8	程超胜	30.00	2012.9	2	ppt/pdf
10	工程招投标与合同管理实务	978-7-301-19035-7	杨甲奇等	48.00	2011.8	3	pdf
11	工程招投标与合同管理实务	978-7-301-19290-0	郑文新等	43.00	2012.4	3	ppt/pdf/答案
12	建设工程招投标与合同管理实务	978-7-301-20404-7	杨云会等	42.00	2012.4	2	ppt/pdf/答案/习题库
13	工程招投标与合同管理	978-7-301-17455-5	文新平	37.00	2012.9	1	ppt/pdf

序号	书名	书号	编著者	定价	出版时间	印次	配套情况
14	工程项目招投标与合同管理(第2版)	978-7-301-24554-5	李洪军等	42.00	2014.12	2	ppt/pdf/答案
15	工程项目招投标与合同管理(第2版)	978-7-301-22462-5	周艳冬	35.00	2014.12	3	ppt/pdf
16	建筑工程商务标编制实训	978-7-301-20804-5	钟振宇	35.00	2012.7	1	ppt
17	建筑工程安全管理	978-7-301-19455-3	宋 健等	36.00	2013.5	4	ppt/pdf
18	建筑工程质量与安全管理	978-7-301-16070-1	周连起	35.00	2014.12	8	ppt/pdf/答案
19	施工项目质量与安全管理	978-7-301-21275-2	钟汉华	45.00	2012.10	1	ppt/pdf/答案
20	工程造价控制(第2版)	978-7-301-24594-1	斯 庆	32.00	2014.8	1	ppt/pdf/答案
21	工程造价管理	978-7-301-20655-3	徐锡权等	33.00	2013.8	3	ppt/pdf
22	工程造价控制与管理	978-7-301-19366-2	胡新萍等	30.00	2014.12	4	ppt/pdf
23	建筑工程造价管理	978-7-301-20360-6	柴 琦等	27.00	2014.12	4	ppt/pdf
24	建筑工程造价管理	978-7-301-15517-2	李茂英等	24.00	2012.1	4	pdf
25	工程造价案例分析	978-7-301-22985-9	甄 凤	30.00	2013.8	1	pdf/ppt
26	建设工程造价控制与管理	978-7-301-24273-5	胡芳珍等	38.00	2014.6	1	ppt/pdf/答案
27	建筑工程造价	978-7-301-21892-1	孙咏梅	40.00	2013.2	1	ppt/pdf
28	★建筑工程计量与计价(第2版)	978-7-301-22078-8	肖明和等	58.00	2014.12	5	pdf/ppt
29	★建筑工程计量与计价实训(第2版)	978-7-301-22606-3	肖明和等	29.00	2014.12	4	pdf
30	建筑工程计量与计价综合实训	978-7-301-23568-3	龚小兰	28.00	2014.1	1	pdf
31	建筑工程估价	978-7-301-22802-9	张 英	43.00	2013.8	1	ppt/pdf
32	建筑工程计量与计价——透过案例学造价(第2版)	978-7-301-23852-3	张 强	59.00	2014.12	3	ppt/pdf
33	安装工程计量与计价(第3版)	978-7-301-24539-2	冯 钢等	54.00	2014.12	2	pdf/ppt
34	安装工程计量与计价综合实训	978-7-301-23294-1	成春燕	49.00	2014.12	3	pdf/素材
35	安装工程计量与计价实训	978-7-301-19336-5	景巧玲等	36.00	2013.5	4	pdf/素材
36	建筑水电安装工程计量与计价	978-7-301-21198-4	陈连姝	36.00	2013.8	3	ppt/pdf
37	建筑与装饰装修工程工程量清单	978-7-301-17331-2	翟丽旻等	25.00	2012.8	4	pdf/ppt/答案
38	建筑工程清单编制	978-7-301-19387-7	叶晓容	24.00	2011.8	2	ppt/pdf
39	建设项目评估	978-7-301-20068-1	高志云等	32.00	2013.6	2	ppt/pdf
40	钢筋工程清单编制	978-7-301-20114-5	贾莲英	36.00	2012.2	2	ppt / pdf
41	混凝土工程清单编制	978-7-301-20384-2	顾 娟	28.00	2012.5	1	ppt / pdf
42	建筑装饰工程预算	978-7-301-20567-9	范菊雨	38.00	2013.6	1	pdf/ppt
43	建设工程安全监理	978-7-301-20802-1	沈万岳	28.00	2012.7	1	pdf/ppt
44	建筑工程安全技术与管理实务	978-7-301-21187-8	沈万岳	48.00	2012.9	2	pdf/ppt
45	建筑工程资料管理	978-7-301-17456-2	孙 刚等	36.00	2014.12	5	pdf/ppt
46	建筑施工组织与管理(第2版)	978-7-301-22149-5	翟丽旻等	43.00	2014.12	3	ppt/pdf/答案
47	建设工程合同管理	978-7-301-22612-4	刘庭江	46.00	2013.6	1	ppt/pdf/答案
	建 筑 设 计 类						
1	中外建筑史(第2版)	978-7-301-23779-3	袁新华等	38.00	2014.2	2	ppt/pdf
2	建筑室内空间历程	978-7-301-19338-9	张伟孝	53.00	2011.8	1	pdf
3	建筑装饰CAD项目教程	978-7-301-20950-9	郭 慧	35.00	2013.1	2	ppt/素材
4	室内设计基础	978-7-301-15613-1	李书青	32.00	2013.5	3	ppt/pdf
5	建筑装饰构造	978-7-301-15687-2	赵志文等	27.00	2012.11	6	ppt/pdf/答案
6	建筑装饰材料(第2版)	978-7-301-22356-7	焦 涛等	34.00	2013.5	1	ppt/pdf
7	★建筑装饰施工技术(第2版)	978-7-301-24482-1	王 军	37.00	2014.7	1	ppt/pdf
8	设计构成	978-7-301-15504-2	戴碧锋	30.00	2012.10	2	ppt/pdf
9	基础色彩	978-7-301-16072-5	张 军	42.00	2011.9	2	pdf
10	设计色彩	978-7-301-21211-0	龙黎黎	46.00	2012.9	1	ppt
11	设计素描	978-7-301-22391-8	司马金桃	29.00	2013.4	2	ppt
12	建筑素描表现与创意	978-7-301-15541-7	于修国	25.00	2012.11	3	Pdf
13	3ds Max 效果图制作	978-7-301-22870-8	刘 晗等	45.00	2013.7	1	ppt
14	3ds max 室内设计表现方法	978-7-301-17762-4	徐海军	32.00	2010.9	1	pdf
15	Photoshop 效果图后期制作	978-7-301-16073-2	脱忠伟等	52.00	2011.1	2	素材/pdf
16	建筑表现技法	978-7-301-19216-0	张 峰	32.00	2013.1	2	ppt/pdf
17	建筑速写	978-7-301-20441-2	张 峰	30.00	2012.4	1	pdf
18	建筑装饰设计	978-7-301-20022-3	杨丽君	36.00	2012.2	1	ppt/素材
19	装饰施工读图与识图	978-7-301-19991-6	杨丽君	33.00	2012.5	1	ppt

序号	书名	书号	编著者	定价	出版时间	印次	配套情况
20	建筑装饰工程计量与计价	978-7-301-20055-1	李茂英	42.00	2013.7	3	ppt/pdf
21	3ds Max & V-Ray 建筑设计表现案例教程	978-7-301-25093-8	郑恩峰	40.00	2014.12	1	ppt/pdf
规 划 园 林 类							
1	城市规划原理与设计	978-7-301-21505-0	谭婧婧等	35.00	2013.1	2	ppt/pdf
2	居住区景观设计	978-7-301-20587-7	张群成	47.00	2012.5	1	ppt
3	居住区规划设计	978-7-301-21031-4	张 燕	48.00	2012.8	2	ppt
4	园林植物识别与应用	978-7-301-17485-2	潘利等	34.00	2012.9	1	ppt
5	园林工程施工组织管理	978-7-301-22364-2	潘利等	35.00	2013.4	1	ppt/pdf
6	园林景观计算机辅助设计	978-7-301-24500-2	于化强等	48.00	2014.8	1	ppt/pdf
7	建筑·园林·装饰设计初步	978-7-301-24575-0	王金贵	38.00	2014.10	1	ppt/pdf
房 地 产 类							
1	房地产开发与经营(第2版)	978-7-301-23084-8	张建中等	33.00	2014.8	2	ppt/pdf/答案
2	房地产估价(第2版)	978-7-301-22945-3	张 勇等	35.00	2014.12	2	ppt/pdf/答案
3	房地产估价理论与实务	978-7-301-19327-3	褚菁晶	35.00	2011.8	1	ppt/pdf/答案
4	物业管理理论与实务	978-7-301-19354-9	裴艳慧	52.00	2011.9	2	ppt/pdf
5	房地产测绘	978-7-301-22747-3	唐春平	29.00	2013.7	1	ppt/pdf
6	房地产营销与策划	978-7-301-18731-9	应佐萍	42.00	2012.8	1	ppt/pdf
7	房地产投资分析与实务	978-7-301-24832-4	高志云	35.00	2014.9	1	ppt/pdf
市 政 与 路 桥 类							
1	市政工程计量与计价(第2版)	978-7-301-20564-8	郭良娟等	42.00	2013.8	5	pdf/ppt
2	市政工程计价	978-7-301-22117-4	彭以舟等	39.00	2013.2	1	ppt/pdf
3	市政桥梁工程	978-7-301-16688-8	刘 江等	42.00	2012.10	2	ppt/pdf/素材
4	市政工程材料	978-7-301-22452-6	郑晓国	37.00	2013.5	1	ppt/pdf
5	道桥工程材料	978-7-301-21170-0	刘水林等	43.00	2012.9	1	ppt/pdf
6	路基路面工程	978-7-301-19299-3	偶昌宝等	34.00	2011.8	1	ppt/pdf/素材
7	道路工程技术	978-7-301-19363-1	刘 雨等	33.00	2011.12	1	ppt/pdf
8	数字测图技术实训指导	978-7-301-22679-7	赵 红	27.00	2013.6	1	ppt/pdf
9	城市道路设计与施工	978-7-301-21947-8	吴颖峰	39.00	2013.1	1	ppt/pdf
10	建筑给排水工程技术	978-7-301-25224-6	刘 芳等	46.00	2014.12	1	ppt/pdf
11	建筑给水排水工程	978-7-301-20047-6	叶巧云	38.00	2012.2	1	ppt/pdf
12	市政工程测量(含技能训练手册)	978-7-301-20474-0	刘宗波等	41.00	2012.5	1	ppt/pdf
13	公路工程任务承揽与合同管理	978-7-301-21133-5	邱 兰等	30.00	2012.9	1	ppt/pdf/答案
14	★工程地质与土力学(第2版)	978-7-301-24479-1	杨仲元	41.00	2014.7	1	ppt/pdf
15	数字测图技术应用教程	978-7-301-20334-7	刘宗波	36.00	2012.8	1	ppt
16	数字测图技术	978-7-301-22656-8	赵 红	36.00	2013.6	1	ppt/pdf
17	水泵与水泵站技术	978-7-301-22510-3	刘振华	40.00	2013.5	1	ppt/pdf
18	道路工程测量(含技能训练手册)	978-7-301-21967-6	田树涛等	45.00	2013.2	1	ppt/pdf
19	桥梁施工与维护	978-7-301-23834-9	梁 斌	50.00	2014.1	1	ppt/pdf
20	铁路轨道施工与维护	978-7-301-23524-9	梁 斌	36.00	2014.1	1	ppt/pdf
21	铁路轨道构造	978-7-301-23153-1	梁 斌	32.00	2013.10	1	ppt/pdf
建 筑 设 备 类							
1	建筑设备基础知识与识图(第2版)	978-7-301-24586-6	靳慧征等	47.00	2014.12	2	ppt/pdf/答案
2	建筑设备识图与施工工艺	978-7-301-19377-8	周业梅	38.00	2011.8	4	ppt/pdf
3	建筑施工机械	978-7-301-19365-5	吴志强	30.00	2014.12	5	pdf/ppt
4	智能建筑环境设备自动化	978-7-301-21090-1	余志强	40.00	2012.8	1	pdf/ppt

相关教学资源如电子课件、电子教材、习题答案等可以登录 www.pup6.com 下载或在线阅读。

扑六知识网(www.pup6.com)有海量的相关教学资源和电子教材供阅读及下载(包括北京大学出版社第六事业部的相关资源),同时欢迎您将教学课件、视频、教案、素材、习题、试卷、辅导材料、课改成果、设计作品、论文等教学资源上传到 www.pup6.com,与全国高校师生分享您的教学成就与经验,并可自由设定价格,知识也能创造财富。具体情况请登录网站查询。

如您需要样书用于教学,欢迎您登录第六事业部门户网(www.pup6.cn)申请,并可在线登记选题来出版您的大作,也可下载相关表格填写后发到我们的邮箱,我们将及时与您取得联系并做好全方位的服务。

联系方式:010-62756290,010-62750667,yangxinglu@126.com,pup_6@163.com,欢迎来电来信咨询。